不可一日无汤

美食生活工作室
主编

青岛出版社
QINGDAO PUBLISHING HOUSE

图书在版编目（CIP）数据

不可一日无汤 / 美食生活工作室主编 . — 青岛 : 青岛出版社 , 2020.10
ISBN 978-7-5552-8690-5

Ⅰ . ①不… Ⅱ . ①张… Ⅲ . ①汤菜—菜谱
Ⅳ . ① TS972.122

中国版本图书馆 CIP 数据核字 (2020) 第 015938 号

书　　　名	不 可 一 日 无 汤 BUKE YIRI WUTANG	
主　　　编	美食生活工作室	
出 版 发 行	青岛出版社	
社　　　址	青岛市海尔路 182 号（266061）	
本 社 网 址	http://www.qdpub.com	
邮 购 电 话	0532-68068091	
策　　　划	周鸿媛	
责 任 编 辑	俞倩茹　逄 丹	
封 面 设 计	毕晓郁	
排　　　版	青岛乐道视觉创意设计有限公司	
印　　　刷	青岛东方华彩包装印刷有限公司	
出 版 日 期	2020 年 10 月第 1 版　2020 年 10 月第 1 次印刷	
开　　　本	16 开（710 毫米 ×1010 毫米）	
印　　　张	18.25	
字　　　数	200 千	
图　　　数	984 幅	
书　　　号	ISBN 978-7-5552-8690-5	
定　　　价	49.80 元	

编校印装质量、盗版监督服务电话　4006532017　0532-68068638
建议陈列类别：生活 / 美食类

第一章　煲汤入门

第二章　四季汤品应季喝

第三章　煲给全家人的美味汤

第四章　喝汤调体质

第一章

煲汤入门

一 汤的营养价值

据记载，在古希腊奥林匹克运动会上，每个参赛者都带着一只山羊或一头小牛到宙斯神庙中去，先放在宙斯祭坛上祭告一番，然后按照传统仪式宰杀掉，并放在一口大锅中煮，煮熟的肉与非参赛者一起分而食之，但汤却留下来给运动员喝，以增强体力，说明在那个时候，人们已经知道：在煮熟的食物中，汤的营养十分丰富。

汤中含有丰富的营养物质，各种原料的营养成分在煲制过程中充分渗出。汤里含有维生素、氨基酸、钙、磷、铁、锌等营养成分。同样是鸡，爆炒与熬汤的滋养功效大相径庭。有些人只吃菜，不喝菜汤。事实上，菜汤的营养价值也较高，因为蔬菜经过烹煮后，维生素等营养物质已经有一部分溶解在菜汤里了。

尽管汤的营养比较丰富，但并不是说鱼汤、鸡汤、猪肉汤的营养胜过鱼肉、鸡肉、猪肉。实际上，鱼汤、鸡汤、猪肉汤与鱼肉、鸡肉、猪肉的营养是不一样的，除非烧成糊状，否则，在汤内只含有少量的维生素、矿物质、脂肪及蛋白质分解后的氨基酸，通常只占原来食物的10%～12%，而大量的蛋白质、脂肪、维生素和矿物质都存留在鱼肉、鸡肉、猪肉内，所以不能一味地迷信汤汁，在吃鱼汤、鸡汤、猪肉汤时，一定要连肉带汤一起吃，这样才能最大限度地吸收营养。

二 煲汤选材有讲究

好的食材是制好鲜汤的关键所在。用于制汤的原料，通常为动物性原料，如鸡肉、鸭肉、猪瘦肉、猪肘子、猪骨、火腿、鱼类等。这类食物含有丰富的蛋白质和氨基酸。肉中能溶解于水的含氮浸出物，是汤鲜味的主要来源。

俗话说，"肉吃鲜杀、鱼吃跳"，但刚宰杀的肉其实并不适合熬汤，我们所说的"鲜"，是指鱼、畜、禽宰杀后3～5小时，此时，鱼、畜或禽肉中的各种酶，会使一部分蛋白质、脂肪等分解为人体易于吸收的氨基酸、脂肪酸，味道更佳。此外，采购时还应注意，肉类最好挑选异味小、血污少的。

还有句俗话：药食同源。严冬将至，很多人都会找来大枣、枸杞等食材，煲一锅"滋补汤"来犒劳一下自己和家人。

不同的食材特点各不相同，煲汤之前，必须通晓食材的寒、凉、温、热等属性。另外，可根据个人身体状况选择汤料。例如：身体火气旺盛，可选择如绿豆、莲子等清火滋润类的食材材；身体寒气过盛，应选择温补类食材作为汤料。

煲汤的锅具

瓦锅

瓦锅是由不易传热的石英、长石、黏土等原料混合成的陶土经过高温烧制而成的。其通气性、吸附性好，还具有传热均匀、散热缓慢等特点。煨制鲜汤时，瓦罐能均衡而持久地把外界热能传递给内部原料，相对恒定的温度有利于水分子与食物的相互渗透，这种相互渗透的时间维持得越长，鲜香成分溢出得越多，煨出的汤就越鲜醇，原料的质地就越酥烂。

电子瓦锅

电子瓦锅的工作原理是维持沸点以下的温度把汤料粥品催熟，但因水分蒸发得少，所烹熟的食物总不及明火处理的有浓香味。其优点在于无须顾虑滚沸后汤汁溢出或煮到水干，只要食材原料与水混合，按下开关之后便可以不管，若干小时之后就有汤或粥品可食，非常方便。

砂锅

砂锅由陶土和沙混合烧制而成，外涂一层釉彩，外表光滑，一般用于制作汤菜。砂锅气孔较小，不耐高温，锅口大，散热快。可直接用中火、小火加热成熟，也可用蒸、隔水炖等方式加热。

不锈钢汤锅

此类锅外观光亮，清洁卫生，便于刷洗消毒，而且耐磨质轻，坚固耐用，化学性质稳定，耐酸、耐碱、耐腐蚀，已成为现代家庭必不可少的炊具之一。

四　煲汤常用食材

1. 食物的四性及其保健功效

　　一般说来，食物与药物一样，有寒、凉、温、热四种不同的属性，在中医上叫作四性，也叫四气。不同属性的食物食疗功效不同，故在配制食疗方时，要重视食物属性，选择符合食疗目的的食物，以达到治疗效果。

　　中医有一项重要治疗原则，就是"疗寒以热药，疗热以寒药"，此原则同样适用于食疗。治疗属寒的病证，要选用属于热性的食物；治疗属热的病证，要选用属于寒性的食物。做到对症下药，才有望取得预期效果。反之，若寒性病证食用寒凉食物，热性病证食用温热食物，结果只能是雪上加霜、火上浇油，使病情加重。

寒凉食物

[保健功效]

　　寒和凉同属一种性质，仅在程度上有所差异。寒凉食物具有清热、泻火、解毒的作用，医学上常用来治疗热证和阳证。凡是表现为面红耳赤、口干口苦、喜欢冷饮、小便短黄、大便干结、舌红苔黄的病证，都适宜选用寒凉食物。

[常见寒凉食物]

　　属凉性的有小白菜、萝卜、冬瓜、青菜、菠菜、苋菜、芹菜、绿豆、梨、枇杷、菱角、薏苡仁、茶叶、鸭蛋等。

　　属寒性的有马齿苋、苦瓜（生食）、芦荟、甘蔗、柿子、茭白、荸荠、茄子、丝瓜、蕨菜、空心菜、绿豆芽、百合、西瓜、香蕉、蟹、海藻、田螺等。

温热食物

[保健功效]

温与热同属一种性质，都有温阳、散寒的作用，医学上常用来治疗寒证和阴证。凡是表现为面色苍白，口中发淡，即使渴也喜欢喝热开水，怕冷，手足四肢清冷，小便清长，大便稀烂，舌质淡的病证，都适宜选用温热食物。

[常见温热食物]

属温性的有韭菜、葱、蒜、生姜、小茴香、香菜、猪肝、猪肚、牛肚、羊肉、鸡肉、鳝鱼、虾、鲢鱼、海参、桂圆、杏、桃、石榴、乌梅、荔枝、栗子、大枣、核桃等。

属热性的有辣椒、胡椒、肉桂、咖喱等。

平性食物

[保健功效]

食物中温与热、凉与寒只是在程度上有所不同，有些温与热、凉与寒难以截然分开。为简便起见，本书仅将食物归纳为寒热两类，将寒凉属性统称为寒，温热属性统称为热，而在寒热之间增加了平性。平性食物既不偏寒，也不偏热，介乎两者之间，通常具有健脾、开胃、补益的作用。因其性平和，故一般的热证和寒证均可配合食用，尤其对身体虚弱者、久病致阴阳亏损者、病证寒热错杂者、内有湿热邪气者较为适宜。

[常见平性食物]

粳米、糯米、玉米、黑大豆、黄豆、蚕豆、赤豆、豌豆、扁豆、花生、黄花菜、香椿、胡萝卜、山药、芝麻、芡实、猪肉、鸽蛋、鲫鱼等。

2. 食材的五味及其保健功效

五味，即酸、苦、甘、辛、咸五种味道。五味是中医用来解释、归纳中药药理作用和指导临床用药的理论依据之一。食物的五味也是解释、归纳食物效用和选用食材入食疗方的重要依据。

中药学重要著作《本草备要》中讲到，"凡药酸者能涩能收，苦者能泻能燥能坚，甘者能补能缓，辛者能散能润能横行，咸者能下能软坚"。药物的酸、苦、甘、辛、咸五味，分别有收、降、补、散、软的药理效用，食物的五味亦具有同样的功效。了解不同食物所具有的性味，有助于正确选用入食疗方的食物，以取得预期的效果。

"医圣"张仲景曾说过，"所食之味，有与病相宜，有与身为害；若得宜则益体，害则成疾"。可见，食物的味还能直接影响机体的健康，应引起重视。

酸味食物

常用的酸味食物有醋、番茄、马齿苋、赤豆、橘子、橄榄、杏、枇杷、桃子、山楂、石榴、乌梅、荔枝、葡萄等。

酸味食物有收敛、固涩的作用，可用于治疗虚汗出、泄泻、小便频多、滑精、咳嗽经久不止及各种出血病。酸味固涩容易敛邪，因此感冒出汗、急性肠火泄泻、咳嗽初起者应慎食。

苦味食物

常用的苦味食物有苦瓜、茶叶、苦杏仁、百合、白果、桃仁等。

苦味食物有清热、泻火、燥湿、解毒的作用，可用于辅助治疗热证、湿证。热证表现为胸中烦闷、口渴多饮水、烦躁、大便秘结、舌红苔黄、浮脉的，可选用苦瓜、茶叶；热证表现为午后潮热、两颧潮红、咳嗽胸肋作痛的，可食用百合；热证表现为发热不退、下腹部满的，可配用桃仁。湿证表现为四肢浮肿、小便短少、气短咳逆的，可配用白果。苦味食物属寒性，不宜多吃，尤其脾胃虚弱者更应慎食。

甘味食物

甘即甜，但甘味食物的味道不一定是甜的。甘味食物甚多，常见的有粳米、糯米、大麦、小麦、荞麦、薏苡仁、高粱、玉米、白薯、土豆、芋头、黑大豆、绿豆、赤小豆、黄豆、蚕豆、刀豆、豇豆、扁豆、豌豆、豆腐、花生、牛肉、牛奶、羊肉、羊乳、火腿、鸡肉、鸭肉、鹅肉、蜂蜜、蜂乳、鲢鱼、鲤鱼、鲫鱼、鳝鱼、田螺、虾、白菜、菠菜、芹菜、空心菜、黄花菜、荠菜、萝卜、胡萝卜、黄瓜、茭白、茄子、番茄、洋葱、莲藕、笋、口蘑、香菇、木耳、南瓜、冬瓜、丝瓜、西瓜、苹果、梨、香蕉、荔枝、橘子、柿子、甘蔗、桑葚、无花果、酸枣仁、荸荠、菱角、黑芝麻、核桃肉、栗子、大枣、银耳、莲子、桂圆肉、枸杞、肉桂、芡实等。

甘味食物有补益、和中、缓和拘急的作用，可用作辅助治疗虚证。如表现为头晕目眩、少气懒于讲话、疲倦乏力、脉虚无力之气虚证的，可选用牛肉、鸭肉、大枣等；如表现为身寒怕冷、蜷卧嗜睡之阳虚证的，可选用羊肉、虾等。甘能缓急，如出现虚寒腹痛、筋脉拘急的，可选用蜂蜜、大枣等。

辛味食物

辛即辣味，常见的辛味食物有姜、葱、大蒜、香菜、洋葱、辣椒、花椒、茴香、豆豉、韭菜、酒等。

辛味食物有发散、行气、行血等作用，可用于治疗感冒及寒凝疼痛。同是辛味食物，却有寒、热之分。例如：生姜辛而热，适宜于恶风寒、骨节酸痛、鼻塞流清涕、舌苔薄白、脉浮紧的风寒感冒；豆豉辛而寒，适宜于身热、怕风、汗出、头胀痛、咳嗽痰稠、口干咽痛、苔黄的风热。辛味食物大多具有发散的作用，易伤津液，食用时要防止过量。

咸味食物

咸味食物有软坚、散结、泻下、补益阴血的作用，可用于治疗瘰疬、痰核、痞块、热结便秘、阴血亏虚等。民间土法采用食盐炒热，用布包裹熨脐腹部，治疗寒凝腹痛，就是"咸以软坚"的实际应用。

煲汤小窍门

煲就是用文火煮食物，慢慢地熬，可以使食物的营养成分溶解在汤水中，易于人体消化和吸收。煲汤被称作"厨房里的工夫活"，并不是因为它在烹制上很繁琐，而是因为需要烹制的时间长，有些耗工夫。

煲汤"五忌"

煲汤时火不要过大，开锅后用小火慢慢地熬，火候掌握在汤小滚的状态即可。煲汤有"五忌"：一忌中途添加冷水，二忌早放盐，三忌过多地放入葱、姜、料酒等调料，四忌过早过多地放入酱油，五忌汤汁大滚大沸。

煲汤加水"三要点"

1. 应加冷水。这样肉类原料的外层蛋白质才不会马上凝固，里层蛋白质也可以充分地溶解到汤里，汤的味道才鲜美。

2. 加水量是煲汤的关键。研究发现，将原料与水分别按1∶1、1∶1.5、1∶2等不同的比例煲汤，汤的色泽、香气、味道大有不同，其中以1∶1.5为最佳。对汤的营养成分进行测定，此时汤中氨态氮（该成分可代表氨基酸）的含量也最高，甚至高于用水较少时。这是因为水的加入量过少，原料不能完全被浸没，反而降低了汤中营养成分的浓度。加水量过多，汤中氨态氮被稀释，浓度也会下降。

3. 还需注意的是，煲汤时应一次加足冷水，忌中途再添加冷水。因为正加热的肉遇冷收缩，蛋白质不易溶解，汤就失去了应有的鲜香味。

第二章

四季汤品应季喝

春季汤品

春季节气养生要点

[立春]

立春在每年 2 月 3 日~2 月 5 日之间，这时气候变暖，气温渐渐上升，万物苏醒，冬眠动物开始苏醒。立春为春季的第一日，是冬寒向春暖转化的开始，要注意气候变化，以防气候作变引起不适。从立春之日起，人体阳气开始升发，肝阳、肝火、肝风也随春季阳气的升发而上升。所以，立春后应注意肝脏的生理特征变化，保持情绪稳定，使肝气通畅。

[雨水]

雨水在每年 2 月 18 日~2 月 20 日之间，这时我国大部分地区严寒已过，雨量逐渐增加，气温渐渐上升。春季以立春作为阳气升发的起点，到雨水则阳气旺盛，故应特别注意肝气疏泄。养生者宜勃发朝气，志蓄于心，身有所务。

[惊蛰]

惊蛰在每年 3 月 5 日~3 月 7 日之间，这时天气转暖，气候多变。人体肝阳之气渐升，阴血相对不足，养生宜顺应阳气的升发，饮食起居应顺肝之性，助益脾气，令五脏和平。

[春分]

春分在每年 3 月 20 日~3 月 22 日之间。此时节应适当保暖，使人体在活动后有微汗，以开泄皮肤，使阳气外泄。春天是高血压病多发季节，容易引发眩晕、失眠等并发症。

[清明]

清明在每年 4 月 4 日~4 月 6 日之间。此时阴雨潮湿，易使人疲倦嗜睡，乍暖还寒的天气易使人受凉感冒，引发扁桃体炎、肺炎等疾病。春季又是呼吸道传染病如百日咳、麻疹、水痘等的多发季节。清明后，多种慢性疾病易复发，如关节炎、精神病、哮喘等，在这段时间内相应人群要忌食发物，如海产品、笋、羊肉、公鸡等，以免旧病复发。

[谷雨]

谷雨在每年 4 月 19 日~4 月 21 日之间。由于气温升高和雨量增多，人体在这段时间内更为困乏，要注意锻炼身体。谷雨也是种花养草的好时机，能陶冶情操，使人青春焕发。

春季进补原则

1. 春季肝旺之时，要少食酸性食物，否则会使肝气更旺，伤及脾胃。
2. 中医认为"春以胃气为本"，故应改善和促进消化吸收功能。不管食补还是药补，都应健脾健胃、补中益气，保证营养被充分吸收。
3. 因为春季湿度相对冬季要高，易引发湿温类疾病，所以进补时一方面应健脾以燥湿，另一方面应选择具有利湿渗湿功效的食材或中药材。
4. 食补与药补的补品补性都应较为平和，除非必要，否则不能一味地使用辛辣温热之品，以免在春季气温上升的情况下加重内热，伤及人体正气。

春季进补推荐食物

糯米、粳米、栗子、莲子、大枣、菱角、菠菜、荠菜、牛肉、牛肚、猪肚、羊肚、驴肉、鸡肉、鸡肝、鸭血、鲫鱼、黄鳝、青鱼等。

润滑香甜
营养丰富

瓜汁竹荪

用料

干竹荪	....	50 克
木瓜	....	100 克
姜片	....	5 克
葱结	....	5 克
冰糖	....	2 大勺
蜂蜜	....	1 大勺
清水	....	1 杯
料酒	....	1 小勺

制作方法

1

2

3

1. 干竹荪用温水泡发，放入加有姜片、葱结和料酒的沸水锅内煮 5 分钟，捞出放入凉水中冷却，切成粗丝。

2. 木瓜去皮去瓤，切成小丁，放入料理机内榨出木瓜汁，用纱布滤除残渣。

❓ 一定要选用熟透鲜红的木瓜。榨取的木瓜汁不能有丝状或颗粒状残渣，否则会影响口感。

4

3. 汤锅上火，放入木瓜汁、清水（1 杯）和冰糖，煮沸熬匀后放入竹荪丝，再加入蜂蜜，略煮片刻后离火。

4. 先将竹荪丝捞出呈山形堆在盘中，再倒入汤汁即成。

❓ 装盘要有讲究，将竹荪丝堆在盘中间，以突出主料。

色泽青绿
滑嫩润口

荠菜烩草菇

用料

鲜草菇	150 克
鲜荠菜	50 克
生姜丝	3 克
盐	1 小勺
胡椒粉	1/3 小勺
水淀粉	2 大勺
香油	1/2 小勺

制作方法

1. 鲜荠菜择洗干净,放入沸水锅内焯透,捞出放入凉水中冷却,挤干水,切成碎末。

2. 鲜草菇清洗干净,切成小片,用沸水焯透,放入凉水中冷却后沥干水。

🅠 鲜荠菜和鲜草菇一定要进行焯烫处理,以去除草酸味。

3. 汤锅上火,倒入 750 毫升开水,放入生姜丝和胡椒粉煮出味,加入草菇片和荠菜末,调入盐略煮。

4. 勾水淀粉,淋香油,搅匀出锅,倒入汤盆内即成。

🅠 要选用光滑细腻的藕粉和绿豆淀粉做水淀粉,且要掌握好用量。

奶汤蒲菜

名菜由来

奶汤蒲菜是一道山东传统风味名菜。它以蒲菜为主要原料，搭配笋尖、水发香菇和金华火腿，加入奶汤煮制而成，汤汁呈乳白色，蒲菜脆嫩鲜香，入口清淡味美，是高档宴席必备的上乘汤菜，素有"济南汤菜之冠"的美誉。蒲菜是济南大明湖的特产之一，色白脆嫩，入馔极佳。《济南快览》中提道："大明湖之蒲菜，其形似茭白，其味似笋，遍植湖中，为北方数省植物菜类之珍品。"《舌尖上的中国（第二季）》中介绍了济南的奶汤蒲菜，让更多人知道了这道菜。

嫩蒲菜 ··················	200 克	奶汤 ··················	3 杯
清水笋尖 ··················	30 克	葱油 ··················	2 大勺
水发香菇 ··················	30 克	葱椒酒 ··················	2 小勺
金华火腿 ··················	15 克	姜汁 ··················	1 小勺
葱花 ··················	1 小勺	盐 ··················	1 小勺

制作方法

1

2

3

4

5

1. 嫩蒲菜剥去老皮, 取嫩心洗净, 切成3厘米长的段; 清水笋尖对半切开, 按自然状切薄片。

2. 水发香菇去蒂, 斜刀切片; 金华火腿上笼蒸熟, 切成菱形薄片。

3. 汤锅上火, 倒入适量清水煮沸, 放入笋片和香菇片, 煮沸后加入嫩蒲菜段焯透, 捞出沥干。

4. 锅中倒入葱油烧热, 下入葱花炸香, 加入葱椒酒和姜汁, 倒入奶汤煮沸, 撇净浮沫, 放入焯烫后的蒲菜段、香菇片和笋片。

5. 煮沸后加入盐调味, 下入火腿片略煮, 盛入汤盆内即成。

下厨心语

1. 蒲菜本身无鲜味, 必须用味厚而浓的奶汤烹制, 使其得味起鲜。

2. 葱油的制法是取大葱葱白切成大段, 放入烧热的油锅内炸出香味, 捞出葱白即成。

3. 葱椒酒的制法是将葱白和花椒剁成泥, 用纱布包起来, 放入料酒中浸泡2小时, 过滤即成。葱椒酒用量不宜太多, 否则不仅影响成菜的汤色, 而且影响其清鲜的口味。

4. 蒲菜焯烫前一定要用清水浸泡3~4小时, 以去除异味。

5. 蒲菜不要长时间加热, 以免影响成菜口感。

枸杞鸡肝汤

原料

鸡肝	·································	100 克
银耳	·································	15 克
茉莉花	·······························	25 朵
枸杞	·································	适量

调料

清汤、盐、味精、淀粉、料酒、姜片
································· 各适量

制作方法

1

3

4

5

1. 鸡肝洗净，切片，放碗中，加淀粉、料酒及少许盐拌匀。

2. 银耳用清水泡发，去蒂洗净，撕成小片。

3. 茉莉花用清水稍泡，去蒂洗净。枸杞洗净。

4. 清汤倒入锅内，加姜片、盐、银耳、枸杞、鸡肝片，烧沸后撇去浮沫。

5. 待鸡肝片煮熟后捞出，盛入碗内，放入味精搅匀，撒入茉莉花即可。

群菇炖小鸡

原料

小鸡	······	1只
蟹味菇	······	适量
鸡腿菇	······	适量
口蘑	······	适量

调料

盐	······	适量
鸡粉	······	适量
白糖	······	适量
料酒	······	适量
香葱末	······	适量
葱段	······	适量
蒜瓣	······	适量
清汤	······	适量

制作方法

1-1

1-2

2

1. 小鸡处理干净后洗净，各种菇焯水后控干。

2. 锅中加清汤、小鸡、焯水的各种菇、葱段和蒜瓣，中火烧开后转小火炖至鸡肉熟烂，拣去葱段、蒜瓣。加盐、鸡粉、白糖、料酒调味，撒入香葱末即可。

**春季养生
推荐食材**

【鸡肉】春季气温变化大，容易患感冒。春季进补时，可以选择提高免疫力、预防感冒的食材，如鸡肉。鸡肉入脾经、胃经，有温中益气、活血强筋、健脾养胃、补虚填精的功效，适宜营养不良、畏寒怕冷、乏力疲劳、月经不调、贫血、虚弱等人群食用。

口蘑肥鸡汤

用料

肥嫩母鸡	1只	姜片	2片
水发口蘑	100克	料酒	1大勺
水发香菇	5朵	盐	1/2小勺
豌豆苗	25克		

制作方法

1. 将肥嫩母鸡宰杀氽烫，洗净血污。

2. 水发口蘑和香菇均洗净泥沙，去根切片；豌豆苗择洗干净，捞出沥干。

3. 净砂锅上火，放入母鸡、口蘑片和香菇片，倒入适量凉水，加入料酒和姜片，大火煮沸后撇净浮油，转小火炖2小时。

4. 加入盐调味，撒豌豆苗即成。

下厨心语

1. 母鸡一定要进行氽烫处理，去净血污，确保汤鲜色靓。

2. 鸡汤表面的浮油要撇净，否则食之腻口。

质感酥嫩
味道咸鲜

鸡肉酥汤

用料

净鸡肉	200 克	盐	1 小勺
油菜心	6 棵	干淀粉	1 小勺
鸡蛋	1 个	酱油	1 小勺
葱花	5 克	香油	1/3 小勺
姜末	5 克	色拉油	2/3 杯
葱姜水	1 大勺		

制作方法

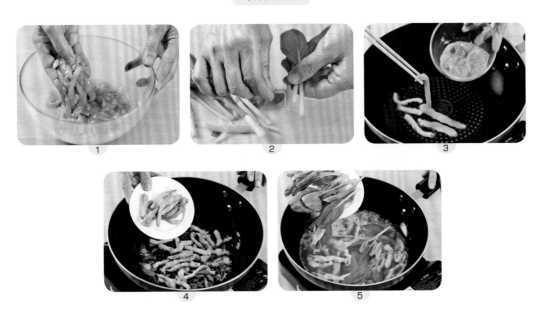

1. 净鸡肉切成小指粗的条,放入碗内,磕入鸡蛋,加入葱姜水、1/3小勺盐、干淀粉和1大勺色拉油拌匀。

❗鸡柳挂浆不宜过厚。

2. 油菜心分瓣洗净,沥干水。

3. 锅内倒入剩余色拉油烧至五成热,放入鸡柳炸熟,用漏勺捞出,沥干油。

4. 锅内留底油烧热,放入葱花和姜末炸香,加入适量开水,放入酱油和剩余盐调好色味,放入鸡柳,用小火炖酥。

❗炖制时不要用大火,否则,鸡柳外表会煳烂。

5. 加入油菜心略煮,盛入汤碗内,淋香油即成。

菠菜土豆牛骨汤

用料

鲜牛骨	500 克	料酒	1 大勺
土豆	200 克	盐	2 小勺
菠菜	100 克	胡椒粉	1/2 小勺
洋葱	25 克	香油	1/2 小勺
姜片	3 片		

制作方法

1. 鲜牛骨砍成大块,洗净汆烫,再用清水洗净表面污沫。

🛈 选用的牛骨要多带一些肉。

2. 菠菜择洗干净,焯烫后捞出过凉,挤干水,切成5厘米长的段。

3. 土豆洗净去皮,切厚片;洋葱剥皮,切丝。

4. 牛骨块放入砂锅内,倒入适量清水,加入料酒和姜片,上大火煮沸,转微火煨3小时。

🛈 要将牛骨上的肉煨烂后才可加入土豆片煮制。

5. 加入土豆片和洋葱丝,继续煨15分钟。

6. 放入菠菜段,调入盐和胡椒粉略煮,淋香油即成。

花生红枣鲫鱼汤

**春季养生
推荐食材**

【鲫鱼】春天容易出现春困、腿重等症状，这在中医看来是"湿"的一种表现。由于春季肝气旺，脾气弱，而脾胃主四肢，脾气不旺，四肢就会酸软无力，因此春季应当补脾。药补不如食补，鲫鱼就是一种很好的健脾食物。

鲫鱼是春季食补的佳品，其营养全面，含蛋白质多、矿物质多、脂肪少，还含有多种维生素及必需氨基酸，吃起来鲜嫩而不肥腻。鱼不仅可以作为健身期间的食材，还有助于降血压和降血脂。

原料

鲫鱼	……………………	2 条
红枣	……………………	20 克
花生米	……………………	150 克

调料

姜片	……………………	适量
葱段	……………………	适量
料酒	……………………	适量

制作方法

1. 花生米、红枣均洗净，控干水备用。鲫鱼去鳞、鳃及内脏，洗净备用。

2. 锅置火上，放入花生米，加水煮熟。

3. 放入鲫鱼、红枣、姜片、葱段、料酒共煮，待鱼熟后出锅即成。

 夏季汤品

夏季节气养生要点

[立夏]

立夏是夏季开始的第一个节气，在每年 5 月 5 日～ 5 月 7 日之间。此时我国大部分地区农作物生长旺盛，气候逐渐转热，但早晚一般还比较凉爽。初夏时应早睡早起，多沐浴阳光，注意疏泄肝气，否则会伤及心气，使人在秋冬季节易生疾病。

[小满]

小满在每年 5 月 20 日～ 5 月 22 日之间。夏季万物生长旺盛，人体代谢活动也处于十分旺盛的时期，消耗的营养物质为四季中之最多，应及时适量补充。春困夏乏，时至小满，人的精神不易集中，应经常到户外活动，吸纳自然之气。

[芒种]

芒种在每年 6 月 5 日～ 6 月 7 日之间。我国长江中下游地区将进入多雨的黄梅时期。在芒种后数日"入梅（也叫进梅，梅雨季节开始）"，一般持续一个月左右。黄梅时节多雨潮湿，因湿气伤脾胃，从而影响消化功能，故此时要注意保护脾胃，少食油腻食品。

夏季阳气旺盛，天气炎热，易引发诸如急性肠胃炎、中暑、日光性皮炎、痢疾、乙脑、伤寒等疾病，应注意预防。

[夏至]

夏至在每年 6 月 21 日或 22 日。夏至以后，太阳直射点逐渐南移，白昼开始缩短。因太阳辐射到地面的热量仍比地面向大气中散发的热量多，故在短期内气温继续升高。

[小暑]

小暑在每年 7 月 6 日～ 7 月 8 日之间。"出梅（梅雨季节结束）"在小暑与大暑之间，日期因各地气候不同而略有差异。进入小暑，人们可晚睡早起，适当活动，使体内阳气向外疏泄，以与"夏长"之气相适应，如此符合夏季养"长"之道。然而，老人、儿童、体弱者应适当减少户外活动，避免中暑。

[大暑]

大暑在每年 7 月 22 日～ 7 月 24 日之间，正值中伏前后，我国大部分地区进入一年中最热的时期。近年来，空调病的发病率逐渐升高。这与天气炎热时将室内的温度降得过低有关，建议将室温控制在 27℃左右。

夏季进补原则

1. 宜清淡可口，避免用黏腻败胃、难以消化的进补食材或药材。
2. 重视健脾养胃，促进消化吸收功能。
3. 宜清心消暑解毒，避免暑邪。
4. 宜清热利湿，生津止渴，以补充高温导致的体液大量消耗。

夏季进补推荐食物

薏米、荞麦、莲藕、莲子、蚕豆、白扁豆、绿豆、豆腐、豆浆、大枣、龙眼肉、菱角、丝瓜、苦瓜、冬瓜、芦荟、甘蔗、西瓜、西瓜皮、梨、黑木耳、猪肉、猪肚、牛肉、牛肚、牛奶、鸡肉、鸭肉、鹅肉、鸽肉、鹌鹑肉、鹌鹑蛋、皮蛋、鲫鱼、蜂蜜等。

清热凉血，解毒通便
润肌美容，通经活络

丝瓜瘦肉汤

**夏季养生
推荐食材**

【丝瓜】夏季炎热多雨，瓜类性多寒凉，因此吃瓜有很好的养生作用。当季最具清凉解热性质的瓜类蔬菜，当数丝瓜。丝瓜味甘、性凉，有清热凉血、解毒通便、润肌美容、通经络、下乳汁等功效，其中凉血解毒的清热作用比较强。取丝瓜络煮水服用，还能缓解风湿性关节炎、红肿热痛等症状。

原料		调料	
丝瓜 ··················	250 克	盐 ··················	适量
猪瘦肉 ··················	200 克		
水发香菇 ··················	100 克		

制作方法

1. 丝瓜去皮，洗净，切片。猪瘦肉洗净，切片。

2. 水发香菇切去菌柄，剞花刀。

3. 所有处理好的原料一起入锅，加适量清水煨煮成汤，加盐调味即可。

什果汤圆羹

用料

西瓜瓤	150 克	小汤圆	100 克
黄杏	3 个	白糖	2 大勺
李子	2 个	水淀粉	2 大勺
桑葚	10 粒		

制作方法

1. 西瓜瓤去籽，用工具挖成小圆球。

🔔 西瓜瓤也可以切成小方丁。

2. 黄杏和李子均洗净，去皮去核，切成小方丁。

🔔 可根据个人口味选用不同的水果，并调整白糖的用量。

3. 桑葚用水洗净，沥干水。

4. 不锈钢锅置于火上，倒入2杯清水煮沸，下入小汤圆煮熟。

🔔 小汤圆不宜久煮，以免破裂漏馅。

5. 加入西瓜球、黄杏丁、李子丁和白糖煮沸，用水淀粉勾成浓芡。

6. 加入桑葚稍煮，出锅盛入汤盆内即成。

🔔 成品放入冰箱冰镇后食用，更加清凉爽口。

樱桃蚕豆羹

用料

鲜蚕豆	200 克	水淀粉	1 大勺
鲜樱桃	100 克	色拉油	2 小勺
冰糖	2 大勺		

制作方法

1. 将鲜蚕豆入锅煮烂，去外壳，用刀压制成泥。

2. 鲜樱桃洗净去核，冰糖用开水化开。

3. 坐锅点火，倒入色拉油烧热，下入蚕豆泥，用微火翻炒至起沙。

   ❶炒蚕豆泥时火不宜大，要边炒边转动锅，以免炒煳。

4. 倒入冰糖水和适量开水，加入樱桃煮沸后，继续煮片刻。

5. 用水淀粉勾成玻璃芡。

   ❶要掌握好水淀粉的用量，以舀起汤汁能挂在勺壁上为佳。

6. 出锅装入汤盆内即成。

什蔬土豆汤

用料

土豆	·················	200 克
番茄	·················	1 个
胡萝卜	·················	1 根
西蓝花	·················	1 个
嫩玉米粒	·················	2 大勺
洋葱	·················	15 克
盐	·················	1 小勺
黑胡椒	·················	1/3 小勺
白糖	·················	1 小勺
黄油	·················	1 大勺

制作方法

1

2

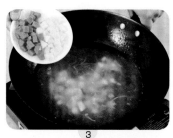
3

4

1. 土豆和胡萝卜均洗净去皮, 切成小块。

❶ 胡萝卜和土豆切块均不宜太大。

2. 番茄洗净去皮, 切成小丁; 西蓝花洗净, 掰成小朵; 洋葱切丝。

3. 坐锅点火, 将黄油加热至化开, 下入洋葱丝爆香, 倒入番茄丁和白糖炒成糊状, 添入适量开水煮沸, 加入土豆块和胡萝卜块煮熟。

❶ 先用黄油将番茄丁炒出红油再煮汤, 成菜色泽红艳, 香味较浓。

4. 加入嫩玉米粒和西蓝花煮2分钟, 加入黑胡椒和盐调味, 稍煮即成。

味道酸辣
清淡利口
开胃下饭

酸辣腐竹汤

用料

水发腐竹	200 克
黄瓜	50 克
鸡蛋饼	半张（约 10 克）
香菜	10 克
葱白	10 克
老陈醋	1 小勺
胡椒粉	1 小勺
盐	1 小勺
姜汁	1 小勺
色拉油	2 小勺
香油	1 小勺

制作方法

1

2

3

1. 水发腐竹斜刀切成马耳形，放入沸水锅内氽透，晾凉后挤干。

2. 葱白切细丝，香菜切末，黄瓜洗净切片；半张鸡蛋饼切象眼片。

3. 锅内倒入色拉油烧热，加入胡椒粉略炒，加入适量开水，随后放入腐竹和黄瓜片，旺火煮沸，加入盐、姜汁和老陈醋调成酸辣味，倒入汤盆内。

4

🔔 炒胡椒粉时宜用小火。最好在出锅前再加入老陈醋。

4. 撒上鸡蛋饼、葱白丝和香菜末，淋香油即成。

　　【豆腐】豆腐是食物中植物蛋白质的最好来源，有"植物肉"的美誉。豆腐中的豆固醇能降低胆固醇，抑制结肠癌的发生，预防心血管疾病。此外，豆腐中的大豆卵磷脂，还有益于神经、血管、大脑的发育生长。

　　传统中医认为，春夏肝火比较旺，应少吃酸辣、多吃甘味食物来滋补，豆腐就是不错的选择。它味甘性凉，具有益气和中、生津润燥、清热下火的功效，可以消渴、解酒等。

金钩挂玉牌

用料

黄豆芽	200克	生抽	1小勺
嫩豆腐	200克	盐	1/2小勺
小青葱	2根	花椒粉	1/3小勺
辣椒粉	1小勺	色拉油	2大勺

制作方法

1

2

3

4

5

6

1. 嫩豆腐切成5厘米长、3厘米宽、0.5厘米厚的骨牌片,放入沸水锅内略汆后捞出。

❶ 豆腐不要长时间加热,否则容易变硬,口感不嫩。

2. 黄豆芽洗净;小青葱洗净,切碎。

3. 辣椒粉放入小碗内,浇入烧热的色拉油搅匀。

4. 小碗中加入花椒粉和生抽调匀,撒葱花调匀成蘸汁。

5. 净锅上火,倒入650毫升开水,放入黄豆芽煮至八成熟,加入豆腐片。

❶ 黄豆芽一定要煮至八成熟,以去除豆腥味。

6. 加入盐,煮3分钟后盛入汤盆肉,随蘸汁一同上桌即成。

南瓜毛豆汤

用料

南瓜	200 克	鲜汤	3 杯
毛豆	75 克	食用油	2 小勺
枸杞	1 小勺	盐	1 小勺
小葱	1 根	味精	适量

制作方法

1

2

3

4

5

6

1. 南瓜洗净,去瓤,切排骨状厚片;小葱洗净,切粒。

❶以选用老南瓜为最好。

2. 毛豆剥取豆粒;枸杞用温水洗净,泡软。

3. 净锅上火,放入食用油烧热,炸香葱粒,倒入毛豆粒和南瓜片炒一会儿。

❶原料用少量的油炒去水分再煮汤,味道更好。

4. 掺入鲜汤,以小火煮半小时。

5. 加盐和味精调味。

6. 撒入枸杞,稍煮即可。

夏季养生
推荐食材

【西瓜】西瓜瓜瓤部分的 94% 是水分，还含有糖类、维生素、多种氨基酸以及少量的无机盐，这些是高温时节人体非常需要的营养；吃西瓜摄入的水分和无机盐，通过代谢能带走多余的热量，达到清暑益气的作用。夏季因中暑或其他急性热病出现的发热、口渴、尿少、汗多、烦躁等症状，可通过吃西瓜来进行辅助治疗。

此外，西瓜的入药部分还有被中医称作"西瓜翠衣"的瓜皮。其实，瓜皮在清暑涤热、利尿生津方面的作用远胜于瓜瓤，瓜皮只要稍加烹调，就能成为一道夏季里的解暑菜品。最简单的方法莫过于削掉其外面的粗硬绿皮和残留的瓜瓤，将剩余部分切成条状，以香油、精盐、糖、醋拌食。

西瓜虽好，却属寒凉之品，体虚、胃寒、胃弱之人若贪食过多，易引起腹痛、腹泻。西瓜还不宜与油腻之物一同食用，若与温热的食物或饮料同吃，则寒热两不调和，易使人呕吐。西瓜切开后，应尽快将其吃完，否则其甜美多汁的瓜瓤，极易成为细菌理想的"培养基"；而冰箱里存放的西瓜，取出后一定要在常温下放置一会儿再吃，以免损伤脾胃。

清热解暑
除烦止渴
护肤美容

蛋花瓜皮汤

原料

鸡蛋 …………………… 1个	
西瓜 …………………… 适量	
西红柿 ………………… 适量	

调料

葱花 …………………… 适量	
盐 ……………………… 适量	
香油 …………………… 适量	

制作方法

1

2

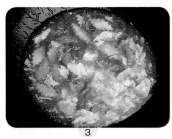

3

1. 西瓜皮洗净，削去外皮，留瓜皮及少部分果肉，改刀成形。

2. 西红柿切成片，鸡蛋磕入碗中打散，待用。

3. 炒锅置火上，加适量清水烧沸，放入西瓜皮、西红柿片略煮，加盐，淋入蛋液，撒葱花，淋香油，出锅即可。

滋补健胃
利水利尿，消肿通乳
清热解毒，止咳下气

竹笋瓜皮鲤鱼汤

调料

鲤鱼 …………	1条(重约750克)	生姜 ………………………………	适量
鲜竹笋 ………………	500克	盐 ………………………………	适量
西瓜皮 ………………	500克	油 ………………………………	适量
眉豆 ………………	60克		
红枣 ………………	5颗		

制作方法

1. 鲜竹笋削去硬壳、老皮，横切片，入水浸1天。

2. 红枣洗净，去核。

3. 鲤鱼去鳃、内脏、鳞，洗净，切大块。

4. 将鲤鱼放入热油中略煎黄，盛出控油备用。

5. 眉豆洗净，与西瓜皮、生姜、红枣、鲤鱼、竹笋片一同放入开水锅内。

6. 武火煮沸后转文火煲30分钟，加盐调味即成。

夏季养生推荐食材

【冬瓜】夏季气温高,人体失去的水分增多,人们容易感到厌食、困乏和烦渴,须及时补充水分。瓜类蔬菜的含水量都在90%以上,不仅天然、洁净,而且具有生物活性,其中冬瓜的含水量居众菜之首。因此,在潮热的夏日里,多吃冬瓜便成了清热消暑的好方法。

传统中医认为,冬瓜味甘性凉,有利尿消肿、降火解毒、润肺生津等功效,因其不含脂肪,且含糖量较低,故而对糖尿病、冠心病、高血压、水肿腹胀等疾病有着良好的食疗作用。同时,冬瓜中含有丙醇二酸,也为爱美人士所追捧,经常食用冬瓜有利于去除人体内过剩的脂肪,使形体健美。

口感软滑
咸香鲜美

薏米冬瓜肉片汤

用料

冬瓜	250 克	料酒	1 小勺
猪瘦肉	150 克	盐	1 小勺
薏米	50 克	水淀粉	2 小勺
姜片	3 片	色拉油	2 小勺
陈皮	5 克		

制作方法

1. 冬瓜去皮去瓤, 切成长方形厚片。

2. 薏米和陈皮用水浸泡, 洗净。

3. 猪瘦肉洗净, 切成薄片, 加入水淀粉、料酒和色拉油拌匀, 腌制10分钟。

🔔 猪瘦肉要顶刀切成厚薄均匀的片。

4. 砂锅内倒入适量清水, 放入姜片、陈皮和薏米, 大火煮沸后改小火继续煮半小时。

🔔 薏米质硬, 应先煮烂后再放入其他原料煮制。

5. 加入冬瓜片和猪肉片煮软。

6. 调入盐, 盛入碗内食用即成。

大碗冬瓜

冬瓜	400 克		料酒	1 小勺
猪五花肉	50 克		老抽	1 小勺
小米辣椒	15 克		盐	1 小勺
蒜苗	1 棵		鲜汤	1/2 杯
姜末	1 小勺		色拉油	1 大勺
蒜末	1/2 小勺			

制作方法

1. 将冬瓜削皮去瓤，切成长8厘米、宽3厘米、厚0.4厘米的长方片；猪五花肉剁成碎末。

2. 小米辣椒去蒂，切小节；蒜苗择洗干净，斜刀切成节。

3. 锅内添水烧开，放入冬瓜片焯至断生，捞出控水。

4. 坐锅点火，倒入1小勺色拉油烧至六成热，放入猪五花肉末，边炒边加姜末、料酒和少许老抽，炒酥后盛出，备用。

🔔 猪五花肉要炒至酥香。老抽起调色作用，不宜多用。

5. 锅重置火上，倒入剩余色拉油烧至六成热，下入蒜末、小米辣椒节、蒜苗节炒香，再下入熟肉末和冬瓜片翻炒，倒入鲜汤，加入盐和剩余老抽炖煮。

虾仁冬瓜汤

原料		调料	
虾	100 克	盐	适量
冬瓜	300 克	香油	适量

去虾线
取虾仁

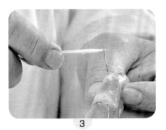
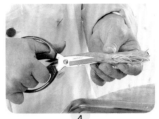

1. 用剪刀剪去虾须、虾足。
2. 将牙签从虾背第二节上的壳间穿过。
3. 挑出黑色的虾线。
4. 用剪刀剖开虾腹，择去虾头。
5. 剥去虾壳，洗净黏液即可。

制作方法

1. 虾去壳，剔除虾线，洗净后沥干，放入碗内。
2. 冬瓜洗净，去皮、瓤，切成小骨牌块。
3. 虾仁随冷水入锅，煮至酥烂时加冬瓜块，冬瓜块煮至熟软后加盐调味。
4. 将煮好的汤盛入汤碗中，淋入香油即可。

卷心菜牛肉汤

用料

鲜牛腩	…………………… 250 克	八角	…………………… 2 颗
卷心菜	…………………… 200 克	盐	…………………… 2 小勺
番茄	…………………… 2 个	白糖	…………………… 1 小勺
姜丝	…………………… 1 小勺	胡椒粉	…………………… 1/3 小勺
番茄汁	…………………… 1 大勺	色拉油	…………………… 2 大勺
料酒	…………………… 2 小勺		

制作方法

1. 将鲜牛腩垂直纹理切成大片，同凉水一起入锅，煮沸后撇净浮沫，捞出沥干。

   ❶ 牛腩肥瘦相间，不能顺纹理切片，应垂直纹理切片。牛腩片同凉水一起入锅，以去除血水和腥味，否则成菜口味会大打折扣。

2. 卷心菜洗净，用手撕成不规则的块；番茄用沸水略焯，去皮切块。

3. 坐锅点火，倒入色拉油烧热，下入姜丝和八角爆香，投入牛腩片煸炒片刻。

4. 烹料酒，加入白糖，倒入开水，盖上锅盖用小火炖半小时。

   ❶ 调味时加入少许白糖，以去除番茄的酸味。

5. 再加入番茄块和卷心菜继续炖10分钟。

6. 最后加入盐和番茄汁继续煮5分钟，撒胡椒粉，搅匀即成。

   ❶ 加入番茄汁，可使成菜汤汁色泽红亮。

酸辣鸡丝汤

用料

鸡肉	100克	干淀粉	2 小勺
水发木耳	50克	香醋	1 大勺
火腿肠	50克	盐	1 小勺
蛋清	30克	胡椒粉	1 小勺
姜丝	5克	香油	1/3 小勺
香菜末	1 小勺		

制作方法

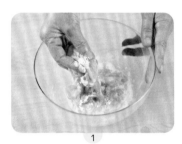
1

2

3

4

5

1. 鸡肉切成细丝，加入蛋清和 1 小勺干淀粉拌匀上浆。

🅠 鸡丝上浆时如太干，可加入少量清水。

2. 火腿肠和水发木耳分别切丝；取剩余干淀粉与 1 大勺清水调匀成水淀粉。

3. 坐锅点火，加入清水、姜丝、胡椒粉和木耳丝，煮沸后分散下入鸡丝汆熟。

4. 加入盐和香醋调好酸辣味，用水淀粉勾玻璃芡。

🅠 香醋定酸味，切忌过早加入。

5. 撒入火腿丝和香菜末，淋香油即成。

玉米炖鸡腿

用料

鸡腿	2 只	枸杞	适量
嫩玉米棒	1 根	盐	1 小勺
水发香菇	100 克	胡椒粉	1/2 小勺
小香葱	2 根	水淀粉	1 大勺
葱结	5 克	色拉油	3 大勺
姜片	5 克		

制作方法

1. 鸡腿剁成2厘米见方的块，用清水洗去血污。

2. 嫩玉米棒顶刀切成1厘米厚的块；水发香菇去蒂，切块；小香葱洗净，切碎。

3. 净锅上火，加入清水用旺火煮沸，放入嫩玉米块和香菇块汆透备用。

4. 放入鸡块汆透，捞出用清水漂洗，去净污沫备用。

5. 坐锅点火，倒入色拉油烧热，放入葱结、姜片炸香，再放入鸡块、香菇块和嫩玉米块炒透，加入适量清水，用小火炖20分钟。

6. 拣出葱姜，勾入水淀粉，加入盐、胡椒粉和枸杞略炖。

7. 出锅盛在汤碗内，撒上香葱碎即成。

贴心提示

1. 所用原料均需用沸水汆透，去净污沫，以确保汤品色泽鲜艳。

2. 要掌握好汤汁和水淀粉的用量，以成菜汤汁略有黏性为宜。

绿豆淡菜煨排骨

汁浓味鲜
时令佳肴

原料

猪肋排	500 克
绿豆	100 克
干淡菜肉	30 克

调料

姜片	10 克
葱结	5 克
料酒	2/3 大勺
盐	1 小勺
胡椒粉	1/3 小勺

制作方法

1

2

3

1. 猪肋排洗净，剁成5厘米长的段，用清水泡至发白，换清水洗两遍，捞出沥干。

❗ 猪肋排要洗净血污，汤汁才清澈透亮。

2. 绿豆洗净；干淡菜肉用温水泡发好，洗净。

3. 将猪肋排、绿豆、淡菜肉、姜片和葱结放入瓦罐内，加入纯净水，调入盐、胡椒粉和料酒。

4. 盖上盖子，用微火煨2小时即成。

❗ 此菜采用煨的方法，一定要用微火长时间加热。

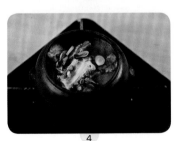
4

汤清，嫩滑，咸香

虾皮油麦菜蛋汤

用料

油麦菜	……………………………	适量
鸡蛋	……………………………	1个
鸡汤	……………………………	2杯
虾皮	……………………………	适量
盐	……………………………	1小勺
姜末	……………………………	适量
胡椒粉	……………………………	1/3小勺
香油	……………………………	1/2小勺
料酒	……………………………	2杯

制作方法

1

2

3

1. 油麦菜洗净，切成小段；虾皮洗净。

2. 鸡蛋打入碗内，用筷子充分搅匀。

3. 汤锅上火，倒入鸡汤煮沸，加入盐、虾皮、姜末和料酒，煮出味后淋入鸡蛋液，放入油麦菜略煮。

🔔 如果没有鸡汤，也可以用清水。

4. 加入胡椒粉，淋香油，推匀即成。

4

秋季汤品

秋季节气养生要点

[立秋]

立秋在每年8月7日~8月9日之间，我国习惯将立秋作为秋季的开始。立秋后阳气转衰，阴气日上，自然界开始由生长向收藏转变，故养生原则应转向敛神、降气、润燥、抑肺扶肝，这样才能保持五脏无偏。饮食增酸减辛，以助肝气。

[处暑]

处暑在每年8月22日~8月24日之间。此时，我国大部分地区气温逐渐下降，雨量减少，大气湿度也相对降低，使人有秋高气爽之感。但此时燥气也开始生成，人们会感到皮肤、口鼻相对干燥，故应注意秋燥，采取预防，多吃甘寒汁多的食物，如水果、麦冬、芦根等。即使有时气候还偏炎热，也不宜多食冷饮冰糕，以保护脾胃。

[白露]

白露在每年9月7日~9月9日之间。我国大部分地区气候转凉，更加干燥，会引发干咳少痰、皮肤干燥、便秘等症状。秋天还是风湿病、高血压病容易复发的季节，所以要注意保暖，夜晚可盖薄被，以免引发旧疾，或感染新恙。晨起外出宜暖其服，勿空其腹，但勿食过饱。

[秋分]

秋分在每年9月22日~9月24日之间。秋风送爽，这是人们感觉最舒适的一段时间，故在此时应多进行户外活动。秋分时节宜动静结合，调心肺，动身形，畅达神态，流通气血，对身心健康大有裨益。

[寒露]

寒露在每年10月8日或9日。由于天气渐渐寒冷，人体血管开始收缩，因此应注意预防冠心病、高血压、心肌炎等症复发。小儿、老人尤其要注意免受风寒，但要适当"秋冻"。这种保养方法使人体毛孔处于关闭状态，抗寒能力大大增强，对体弱者预防感冒极为有益。

[霜降]

霜降在每年10月23日或24日。阴气更甚于前，切忌受寒，晨起宜略晚，以避寒气。体内有痰饮宿疾者每到这一季节容易发作，预防方法除谨避风邪外，还应注意饮食起居，避免醉饱及生冷。

时值霜降，人体脾气已衰，肺金当旺，饮食五味以减少味辛食物，适当增加酸、甘食物为宜，酸甘化阴可益肝肾，而甘味入脾，可以巩固后天脾胃之本。

秋季进补原则

秋季养阴是顺应四时养生的基本原则，秋季进补的原则为滋阴润燥、养肺。

1. 注意食物的多样化和营养的均衡。
2. 宜多吃耐嚼、富含膳食纤维的食物。选择具有润肺生津、养阴清燥功效的瓜果蔬菜、豆制品及食用菌类。
3. 宜多食粗粮，如红薯等，预防便秘。

秋季进补推荐食物

猪肝、猪肺、牛奶、兔肉、鸭肉、鸭蛋、蜂乳、蜂蜜、黄鳝、牡蛎、白木耳、香菇、枸杞头、马蹄、山药、甘蔗、梨、香蕉、龙眼肉等。

秋季养生
推荐食材

【银耳】中医专家研究表明，银耳可以滋阴、润肺、养胃、生津，适用于虚劳咳嗽、痰中带血、虚热口渴等症。夏季吃银耳，好处更多。具体用法如下：

1. 滋阴补液：夏季炎热的气候往往使人大汗淋漓，汗液大量流失会使人肢体乏力，懒于动弹。要补充大量的体液，除多喝白开水、热茶水以外，还可以饮用银耳石斛羹。取银耳10克、石斛20克，先将银耳泡发、洗净，再与石斛加水炖服，每日1次。

2. 防暑降温：夏季人们除了避免日晒、高温的环境，还可食用冰糖银耳汤防暑。将银耳10克放入盆内，以温水浸泡30分钟，待其发透后摘去蒂头，拣去杂质，将银耳撕成片状，放入锅内，加适量水，以武火煮沸后，再用文火熬1小时，然后加入冰糖30克，直至银耳炖烂为止。饮用前放冰箱内冰镇20分钟效果更佳。

3. 止咳润肺：患有支气管炎、支气管扩张、肺结核的病人在夏季容易犯病而发生咳嗽，服用银耳雪梨羹能减轻咳嗽症状。取银耳6克、雪梨1个、冰糖15克，将银耳泡发后炖至汤稠；再将雪梨去皮、核，切片后加到汤内煮熟，再加入冰糖即成。此羹对大便燥结者也有较好疗效。

石榴银耳汤

用料

石榴	1个	冰糖	1大勺
干银耳	10克	绿茶茶包	1个
莲子	30克		

制作方法

1. 石榴去皮去籽, 放入料理机内搅拌成汁, 过滤出石榴汁。

2. 干银耳用凉水泡发, 择去黄色硬蒂, 用手撕成小朵; 莲子放入凉水中浸泡半小时, 沥去水。

3. 将绿茶茶包放入汤锅内, 倒入适量清水煮沸, 继续煮片刻后捞出茶包。

4. 放入银耳和莲子, 煮沸后盖上锅盖, 继续煮1小时至银耳软烂。

5. 加入石榴汁和冰糖。

6. 继续煮至冰糖化开, 盛出食用即成。

口感滑糯
味甜似蜜

枸杞炖银耳

**名菜
由来**

　　枸杞和银耳都是我国医学宝库中久负盛名的良药和珍品。枸杞炖银耳成菜红白相间，辉映成趣，味道香甜可口，老少皆宜，具有滋补健身的功效。它是一道陕西传统滋补名羹。那它流传千年而其势不衰的原因何在呢？想必不仅是因为它甘美滋补，还与其来历有很大关系。

　　据说，汉高祖刘邦登上帝位后，张良被封留侯，后来他看到有些开国功臣被害，深感危急，便辞官隐居，经常取用当地的银耳清炖食用，以示清白。唐朝初期，开国功臣房玄龄、杜如晦共掌朝政。他们认为大丈夫绝不能只图个清白的名声，而要死得其所，即便为此抛头颅洒热血也在所不惜，于是在清炖银耳的基础上，加入了润肺补肾、生津益气、色红似血的枸杞。这样，便形成了枸杞炖银耳这道名菜。

用料

水发银耳	…………………… 200 克	白糖	……………………………… 3 大勺
枸杞	…………………… 25 克	冰糖	……………………………… 1 大勺

制作方法

1

2

3

1. 将枸杞洗净,用凉水泡透;水发银耳拣去杂质,洗净后撕成小朵,捞出沥干。

2. 不锈钢锅上火,倒入适量清水煮沸,放入银耳和冰糖,用小火煨炖至软烂。

3. 再加入枸杞和白糖继续炖10分钟,出锅装盆即成。

**下厨
心语**

1. 银耳根部的硬蒂要去净,否则口感不佳。

2. 要用小火慢炖,这样才能炖出银耳的胶质。

滋阴润肺
生津润燥
清热化痰

银耳雪梨羹

原料

梨 ………………………………… 1个

银耳 ………………………… 1朵(约6克)

调料

冰糖 ………………………………… 15克

制作方法

1

2

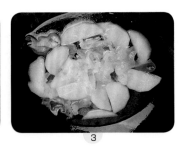
3

1. 梨洗净,去皮去核,切成片。

2. 银耳用水泡发,洗净去杂质。

3. 锅置火上,加入适量水,放
   入梨片和银耳,加冰糖烧开,
   撇去浮沫,用小火熬10分钟,
   起锅盛入汤碗中即可。

**秋季养生
推荐食材**

【梨】梨鲜嫩多汁、酸甜适口,有"天然矿泉水"
之称。在秋季气候干燥时,人们常感到皮肤瘙痒、口
鼻干燥,而梨就是补水护肤佳品。梨味甘、微酸,性
寒凉,具有生津止渴、润燥化痰之功效。

入口黏糯
葱香咸鲜

葱香土豆羹

用料

土豆	200 克
小香葱	4 根
盐	1 小勺
白胡椒粉	1 小勺
高汤	1/4 杯
色拉油	1 大勺

制作方法

①

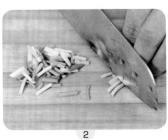
②

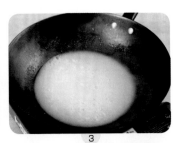
③

④

1. 土豆洗净，上笼蒸透，取出稍晾凉后剥皮，用刀压成泥。

❗ 土豆泥中带点小颗粒，成菜口感较好。

2. 小香葱洗净，切成1厘米长的段。

3. 汤锅上火，倒入色拉油烧热，放入土豆泥炒透，加入高汤和适量开水，以大火加热煮沸至黏稠。

❗ 加入少许高汤后，味道较香；如没有高汤，也可不加。

4. 调入盐和白胡椒粉，撒小香葱段即成。

冰糖枸杞百合

【百合】百合最有价值的部位，是在秋季采挖的根部。秋季，干燥的气候条件特别容易影响人体肺部，引发口干咽燥、咳嗽少痰等症状。而此时采挖的百合根味甘微苦，性平，入心、肺经，能润肺止咳、清心安神，对肺部的燥热病症有较好的治疗效果。汉代的名著《金匮要略》中就记载了不少以百合为主药的药方，如"百合丹"等，至今仍受到医者的推崇。

百合加粳米煮粥，可生津补阴，适宜老年人和久病体虚者，特别适宜心烦失眠、低热易怒者食用。百合粥中加甜杏仁，对肺阴虚见久咳、干咳无痰、气逆微喘症状者有益。单用百合煨烂，加适量白糖，可作为肺结核患者的食疗佳品。百合加绿豆同煮，能除燥润肺，还能清热解暑。

原料		调料	
百合 ································· 适量		冰糖 ································· 适量	
枸杞 ································· 适量			

制作方法

1. 百合洗净去根，瓣成瓣；枸杞用热水泡软；冰糖敲碎。

2. 锅置火上，注入适量清水，投入百合和冰糖烧开，煮约3分钟。

3. 放入枸杞再煮几分钟，起锅装入碗中即可。

枇杷百合汤

用料

枇杷	10 个	川贝	2 克
鲜百合	100 克	冰糖	1 大勺

制作方法

1. 枇杷洗净，去皮去核。

2. 鲜百合分瓣洗净。

❶ 处理百合时，尖部的黑点也要去除。

3. 川贝洗净，用温水泡软。

4. 净锅上火，倒入2杯清水煮沸，放入枇杷和川贝煮半小时。

5. 再加入百合和冰糖。

❶ 根据个人口味添加冰糖。

6. 煮至冰糖化开，盛入碗内即可。

丸子软嫩
味酸利口

酸汤绿豆丸

绿豆粉	200 克	葱花	1 小勺
白萝卜	150 克	陈醋	1 大勺
黄豆芽	150 克	香油	2/3 小勺
紫菜	15 克	盐	$1\frac{1}{2}$ 小勺
香菜末	2 小勺	鲜汤	2 杯
虾皮	2 小勺	色拉油	1 杯
姜丝	1 小勺		

制作方法

1. 白萝卜刮洗干净, 切细丝; 黄豆芽放入沸水中略焯, 捞出放入凉水中, 洗净豆皮。

2. 白萝卜和黄豆芽一起剁碎, 挤干水放入盆内, 加入绿豆粉、1小勺盐和少量清水搅匀成稠糊状。

❗绿豆粉用量不宜太多, 否则成菜口感不松软。

3. 用手将面糊挤成丸子, 下入烧至五成热的色拉油锅内炸熟, 捞出沥干油。

4. 坐锅点火, 倒入鲜汤煮沸, 加入姜丝和剩余盐调味, 再放入丸子煮入味。

5. 加入紫菜和虾皮继续煮1分钟, 调入陈醋和香油。

❗陈醋定酸味, 用量要适当。

6. 出锅盛入碗内, 撒上葱花和香菜末即成。

入口润滑
味道咸鲜

香菜
鸡肉羹

用料

熟鸡肉	…………………………	150 克
香菜	…………………………	50 克
生姜	…………………………	5 克
盐	…………………………	1 小勺
水淀粉	…………………………	2 大勺
香油	…………………………	1/3 小勺

制作方法

1

2

3

4

1. 熟鸡肉用手撕成细丝。

❶ 煮好的熟鸡肉应用温水洗两遍，以去净表面的污沫。

2. 生姜和香菜分别洗净，捞出沥干，切成碎末。

3. 坐锅点火，放入清水和姜末烧沸，下入鸡肉丝，加入盐调成咸鲜味，用水淀粉勾玻璃芡。

❶ 勾入的水淀粉要适量，过多则汁稠易结块；过少则汤汁太稀，达不到成菜的效果。

4. 撒香菜末，淋香油，拌匀即成。

酸辣鸡蛋汤

用料

鸡蛋	1 个
白豆腐干	1 片
水发木耳	25 克
嫩菠菜	1 根
葱丝	1 小勺
姜丝	2/3 小勺
醋	1 大勺
盐	2/3 小勺
胡椒粉	1/2 小勺
水淀粉	1 大勺
香油	1/2 小勺
鲜汤	2 杯

制作方法

1

2

3

4

1. 白豆腐干片成薄片，切成细丝；水发木耳择洗干净，切成丝；嫩菠菜洗净切段。

❶ 要选用原味白豆腐干，且用沸水氽透，以去除豆腥味。

2. 鸡蛋打入碗内，用筷子搅匀。

3. 净锅上旺火，放入鲜汤和姜丝，略滚片刻，放入白豆腐干丝、木耳丝和嫩菠菜段煮一会儿，加入盐、醋和胡椒粉调成酸辣味。

4. 勾水淀粉，淋入鸡蛋液搅匀，撒葱丝，淋香油即成。

❶ 勾芡不宜过浓，以薄芡为佳。

汤清味鲜
入口滑嫩
意境美好

推纱望月

名菜由来

　　推纱望月这道四川名菜由重庆名厨张国栋所创。明代小说家冯梦龙在《醒世恒言》里有过一联脍炙人口的名对："闭门推出窗前月，投石冲破水底天。"张国栋将此意境运用于竹荪所独有的菌幕上。他以南充竹荪为"窗纱"，宜宾鸽蛋为"明月"，以上等清汤为"清澈宁静的湖面"。成菜上桌后，一碗清汤中，网状的竹荪盖在圆圆的鸽蛋上，就像从窗口透过窗纱观看明月一样，筷子一动，拨开竹荪，又仿佛是推开窗纱。明月皓洁，菜名别致，汤鲜淡雅，深受文人学士的喜爱。

　　20世纪70年代，张国栋曾以此菜献技于香港，一时，倾倒了众多饱食天下美味的老饕。中国烹饪八大金刚之一、国际知名烹饪专家熊四智教授是这样为推纱望月解说的："名人的名诗，名垂千古；名人的名菜，亦闻名遐迩。四川名厨烹制的名菜'推纱望月'因其名典雅，其味鲜美，其色高洁，其形很富诗意，为众口称誉。推纱望月所用的'纱'，用的是竹荪，'月'则是鸽蛋，烹制时加入明澈如镜的高级清汤，造型十分别致。如此佳肴，食者焉能不大快朵颐呢？"

用料

鸽蛋	10 个	胡椒粉	1/3 小勺
水发竹荪	100 克	香油	1/2 小勺
香菜叶	5 克	清鸡汤	3 杯
盐	1 小勺		

制作方法

1. 水发竹荪切去两头，洗净剖开切片，下入沸水锅内汆透后，捞出。

2. 取10个干净的小圆碟，内壁均匀涂一层油脂。

3. 在每个碟内打入1个鸽蛋，上笼用微火蒸熟。

4. 蒸熟的鸽蛋脱离小碟，放入汤盆内。

5. 坐锅点火，倒入清鸡汤烧沸，放入竹荪片，加入盐和胡椒粉调味。

6. 稍煮后出锅盛入汤盆内，点缀香菜叶，淋香油即成。

下厨心语

1. 蒸鸽蛋时要用微火，不然口感不滑嫩。

2. 竹荪一定要用清鸡汤煨入味。

柚子炖鸡汤

用料

净公鸡肉	1只鸡肉量	盐	1大勺
柚子	10克	清汤	适量
姜片	30克	色拉油	适量

制作方法

1. 净公鸡肉晾干水,剁成2厘米见方的块。

2. 柚子去皮去籽,剥成小瓣。

3. 坐锅点火,倒入色拉油烧至六成热,下入姜片爆香,随即投入鸡块爆炒至吐油。

4. 倒入清汤煮沸,撇净浮沫。

5. 将鸡块连汤倒入瓦罐,盖上锅盖以小火慢炖至八成熟。

6. 调入盐,放入柚子瓣,继续炖至肉质软烂,盛出即可。

下厨心语

1. 净公鸡肉表面的水一定要晾干,否则炒制时易糊锅底。

2. 柚子瓣不宜过早加入汤中,最好在鸡块快熟时加入,这样成菜的清香味才浓。

补脾养肺
健胃消食

菠萝鸡片汤

**秋季养生
推荐食材**

【菠萝】菠萝中含有丰富的糖类、脂肪、蛋白质，以及钙、磷、铁、胡萝卜素、烟酸、抗坏血酸等。菠萝有助于消化，主要是由于其中含有的菠萝蛋白酶在起作用。此外，菠萝蛋白酶对肾炎、高血压、支气管炎也有一定的治疗作用。

中医认为，菠萝味甘、微酸，性平，有补益脾胃、生津止渴、润肠通便、利尿消肿等功效，可辅助治疗中暑烦渴、肾炎、高血压、大便秘结、支气管炎、血肿、水肿等疾病，并对预防血管硬化及冠状动脉性心脏病有一定的作用，特别适宜在暑热未全消、秋老虎已发威的季节里食用。

原料		调料	
鸡脯肉 ……………………	500 克	盐 ……………………………	适量
菠萝 ………………………	400 克	白糖 …………………………	适量
		上汤 …………………………	适量
		鸡粉 …………………………	适量
		水淀粉 ………………………	适量
		花生油 ………………………	适量

制作方法

  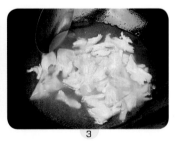

1

2

3

1. 鸡脯肉片成片，加水淀粉上浆。菠萝切片，下沸水锅焯水备用。

2. 鸡肉片用温油划熟，倒出控油。

3. 锅中注入上汤，放入鸡片、菠萝片，加盐、白糖、鸡粉调味烧开，装盘即可。

益气滋阴
清肺化痰

罐焖鸭块

【鸭肉】鸭肉营养丰富，其蛋白质和含氮浸出物均比畜肉多，所以肉味尤为鲜美，并享有"京师美馔，莫妙于鸭""无鸭不成席"之美誉。鸭肉中脂肪含量适中，约为7.5%，比鸡肉高，比猪肉低，脂肪均匀分布于全身组织中。鸭肉中所含脂肪酸主要是不饱和脂肪酸和低碳饱和脂肪酸，因此易于消化。鸭肉是含B族维生素和维生素E较多的肉类。

鸭属于水禽，其肉味甘，性凉，可补内虚、消热毒、利水道，适用于头痛、阴虚失眠、肺热咳嗽、肾炎水肿、小便不利、低热等症，特别适宜在燥热季节食用。

原料		调料	
鸭块	300克	盐	适量
笋	30克	料酒	适量
香菇	30克	白糖	适量
		葱段	适量
		姜片	适量

制作方法

1. 笋和香菇改刀成块。

2. 鸭块汆水后洗净。

3. 鸭块、笋块、香菇块一同装入罐中，加盐、白糖、料酒、葱段、姜片调味，将罐封口，上笼蒸至鸭块熟烂时取出，拣去葱段、姜片即可上席。

滋阴清热，生津止渴
润燥化痰，清音明目

荸荠雪梨鸭汤

秋季养生
推荐食材

【荸荠】荸荠又名马蹄，肉质鲜嫩，清甜爽口，其营养丰富程度可与水果相媲美，且对多种疾病具有辅助治疗作用。现代药理研究发现，荸荠含有丰富的蛋白质、糖类、脂肪，以及多种维生素和钙、磷、铁等无机盐，有清热生津、利咽化痰之功效，对热病烦渴、便秘、阴虚肺燥、痰热咳嗽、咽喉肿痛、肝阳上亢等病症有很好的辅助治疗作用。秋季天干物燥，人体容易被燥气所伤，而荸荠恰逢秋季上市，其清热生津的功效可解除此种问题，故秋季适宜多吃荸荠。

原料		调料	
荸荠	100克	盐	少许
鸭块	250克		
雪梨	2个		

制作方法

1. 雪梨去皮、核，切片。
2. 荸荠削去皮，切片。
3. 将雪梨片、荸荠片与鸭块放入锅中。
4. 加适量水煮熟，加少许盐调匀即可。

鸭肉软烂
土豆酥绵
咸香可口

土豆鸭肉煲

用料

净肥鸭	500 克	酱油	2 小勺
土豆	300 克	盐	1 小勺
生姜	5 片	胡椒粉	1/3 小勺
大蒜	5 瓣	色拉油	1/2 杯
料酒	1 大勺		

制作方法

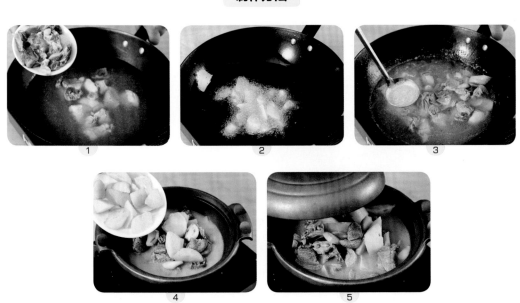

1. 净肥鸭剁成2厘米见方的块，放入加有料酒的沸水锅内汆烫一下，捞出洗去污沫后沥干。

🅰 不要选用太肥的鸭肉。

2. 土豆洗净去皮，切成滚刀块，下入烧至六成热的色拉油（色拉油留取2大勺备用），锅内炸黄，捞出沥干油。

3. 坐锅点火，加入2大勺色拉油烧热，下入姜片和蒜瓣炸香，放入鸭块炒至露骨，倒入3杯开水，煮沸后撇去浮沫，用小火炖至鸭肉熟透。

🅰 用足量的热底油把鸭块炒透，再加汤炖制，鸭肉味道才香醇。

4. 将炒锅内的原料连同汤水倒入砂锅内，加入土豆块，调入酱油、盐和胡椒粉。

5. 盖上锅盖焖15分钟即成。

什锦鸭羹

滋阴润肺
益气养胃
利水消肿

原料

鸭肉 ……………………………………	100 克
海参 ……………………………………	50 克
鱼肚 ……………………………………	50 克
火腿、香菇、笋、青豆、口蘑……	各 20 克

调料

盐 ……………………………………	适量
美极上汤 ……………………………	适量
水淀粉 ………………………………	适量
清汤 …………………………………	适量
白糖 …………………………………	适量
胡椒粉 ………………………………	适量

制作方法

1

2-1

2-2

1. 原料除青豆外全部切成丁, 氽水后洗净。青豆焯水后洗净。

2. 锅内加清汤烧开, 放入处理好的原料, 加盐、美极上汤、白糖、胡椒粉调味, 用水淀粉勾芡, 盛在汤碗内即可。

笋烩烤鸭丝

滋阴润肺
益气养胃

原料

熟烤鸭肉	……………………	200 克
猪里脊肉	……………………	100 克
笋丝、油菜	……………………	各 30 克

调料

花生油	……………………	适量
盐	……………………	适量
料酒	……………………	适量
蛋清	……………………	适量
水淀粉	……………………	适量
葱段	……………………	适量
香油	……………………	适量
清汤	……………………	适量

制作方法

1

2

3

1. 熟烤鸭肉切丝，备用。猪里脊肉切丝，加水淀粉、蛋清上浆。

2. 用五成热油将里脊肉丝滑熟，倒出。笋丝、油菜焯水备用。

3. 起油锅烧热，放入葱段炸至金黄色，捞出弃去，放入鸭肉丝、里脊肉丝，加清汤、盐、料酒
   调味，放入笋丝、油菜稍煮，勾芡，淋香油，盛在汤盘中即可。

补中益气
滋阴养肺
凉血解毒

淮山兔肉补虚汤

原料

兔肉	⋯⋯⋯⋯⋯⋯⋯	200克
淮山	⋯⋯⋯⋯⋯⋯⋯	30克
党参	⋯⋯⋯⋯⋯⋯⋯	15克
枸杞	⋯⋯⋯⋯⋯⋯⋯	15克
大枣	⋯⋯⋯⋯⋯⋯⋯	6颗

调料

姜片	⋯⋯⋯⋯⋯⋯⋯	适量
葱段	⋯⋯⋯⋯⋯⋯⋯	适量
植物油	⋯⋯⋯⋯⋯⋯⋯	适量
盐	⋯⋯⋯⋯⋯⋯⋯	适量
料酒	⋯⋯⋯⋯⋯⋯⋯	适量
味精	⋯⋯⋯⋯⋯⋯⋯	适量

制作方法

1. 兔肉切块，用沸水洗净。

2. 兔肉块与淮山、党参、枸杞、大枣同放锅内，加适量水。

3. 文火炖煮1小时后捞出兔肉，控干水；留取汤汁备用。

4. 炒锅加油，武火烧至七成热，爆香姜片，放入兔肉略炒。

5. 加入料酒、盐，倒入炖煮兔肉的汤汁。

6. 烧开后放入葱段，待再煮开两滚后拣去葱段、姜片，加入味精，起锅即可。

补肺益气
化痰止咳
清热散结

川贝梨
煮猪肺

原料

川贝母	······························	10克
梨	······························	2个
猪肺	······························	1个

调料

冰糖	······························	适量

制作方法

1. 将川贝母研成细末。
2. 猪肺处理好, 洗净, 切小块。
3. 梨削皮, 去核, 切成小块。
4. 将川贝母末、梨块、猪肺块同煮成汤, 加适量冰糖调味即可。

益气滋阴
清肺化痰

笋片菜心
炖麻鸭

原料

麻鸭	·················	1只
菜心	·················	30克
笋	·················	30克
火腿	·················	30克
瘦肉	·················	50克

调料

盐	·················	适量
白糖	·················	适量
胡椒粉	·················	适量
料酒	·················	适量
葱姜片	·················	适量
花椒	·················	适量

制作方法

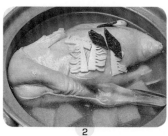

1　2　3

1. 麻鸭处理干净，汆水后洗净。笋、火腿、瘦肉分别切片。菜心焯水待用。

2. 砂锅中加水，放入鸭、笋片、火腿片、瘦肉片、葱姜片、料酒，烧开后慢火炖2.5小时。

3. 拣出葱姜片，加入菜心，加盐、白糖、胡椒粉、花椒调味，烧开后打去浮沫即可。

汤色红亮
香辣咸鲜
海鲜味浓

韩式嫩豆腐海鲜锅

用料

嫩豆腐	250 克	淡酱油	1 大勺
蛤蜊	100 克	细辣椒粉	1 小勺
鲜鱿鱼	50 克	辣椒油	1 小勺
基围虾	50 克	料酒	1 小勺
青辣椒	1/2 根	胡椒粉	1/3 小勺
红辣椒	1/2 根	盐	1/4 小勺
大葱	20 克	香油	1 小勺
蒜蓉	1 小勺	高汤	2 杯

制作方法

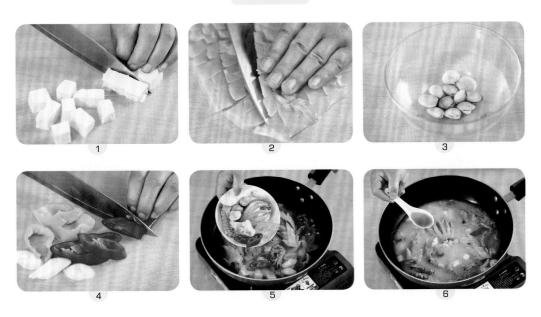

1. 将嫩豆腐切成3厘米见方的块。

2. 鲜鱿鱼洗净，切花刀块；基围虾洗净，放入沸水中汆烫后晾凉。

❶ 各种原料的初加工要细致。

3. 蛤蜊放入淡盐水中浸泡1小时，吐净泥沙后洗净。

4. 青、红辣椒和大葱分别斜切成1厘米长的段。

5. 砂锅上火，倒入高汤煮沸，加入嫩豆腐块、淡酱油、细辣椒粉、辣椒油、料酒、蒜蓉、胡椒粉和盐，炖5分钟后放入蛤蜊、鲜鱿鱼块、基围虾、葱段和青、红辣椒段。

6. 煮至蛤蜊张口时淋香油，上桌即成。

❶ 加入海鲜原料后不宜久煮，否则成菜口感不佳。

色泽靓丽
口感滑嫩
味道咸鲜

芙蓉豆腐

用料

南豆腐	200克	花生浆	1杯
鸡蛋	4个	盐	1小勺
虾仁	8个	胡椒粉	1/3 小勺
青椒丁	10克	水淀粉	1大勺
红椒丁	10克	香油	1小勺
葱花	2/3 小勺	鲜汤	1/2 杯

制作方法

1. 虾仁用刀从背部片开, 挑去虾线洗净, 投入沸水锅内汆熟。

2. 南豆腐切成1厘米厚、2厘米见方的片, 上笼蒸熟后取出。

3. 鸡蛋打入容器内搅散, 加入花生浆、2/3小勺盐和胡椒粉搅打均匀, 上笼用小火蒸约15分钟至熟透。

4. 取出蒸蛋, 摆上蒸熟的豆腐片。

5. 锅里加鲜汤煮沸, 放入虾仁和青、红椒丁稍煮, 加入剩余的盐调味, 用水淀粉勾薄芡。淋香油, 起锅浇在蒸蛋和豆腐片上, 最后撒上葱花即成。

下厨心语

1. 可按个人口味用牛奶代替花生浆。

2. 蒸鸡蛋时应用小火, 时间不宜过长。

秋季养生
推荐食材

【牡蛎】经过漫长而炎热的夏季，通常人体的能量消耗较大而进食较少，因而在气温渐低的秋天，就有必要调补一下身体，也为寒冬的到来蓄好能量。牡蛎俗称蚝，别名蛎黄、海蛎子，鲜牡蛎肉青白色，质地柔软细嫩。秋季正是牡蛎鲜美的季节，此时的牡蛎处于繁殖期，分泌出一种以葡萄糖为主要成分的乳状液体，因此极为鲜嫩多汁。牡蛎肉富含锌、牛磺酸等，可以促进胆固醇分解，有助于降低血脂水平，具有很好的保健功效。

······ 清肺补心
滋阴养血 ······

牡蛎鸡蛋汤

原料

牡蛎肉 ·························· 200 克
蘑菇 ···························· 200 克
鸡蛋 ····························· 1 个
紫菜 ····························· 50 克

调料

香油 ···························· 少许
盐 ······························ 少许
姜片 ···························· 少许

制作方法

1. 蘑菇洗净,撕成片。

2. 鸡蛋磕入碗中,打散。

3. 牡蛎肉洗净备用。

4. 锅中加适量清水烧沸,倒入蘑菇片、姜片煮20分钟。

5. 加入牡蛎肉、紫菜煮熟。

6. 淋入鸡蛋液,加香油、盐调味即成。

冬季汤品

冬季节气养生要点

[立冬]

立冬在每年 11 月 7 日或 8 日，我国习惯将立冬作为冬季开始的节气。立冬后，黄河中、下游地区开始结冰，万物收藏，人们要特别注意防寒保暖，以保护体内的阳气。

[小雪]

小雪在每年 11 月 22 日或 23 日。天气逐渐寒冷，人体易患呼吸道疾病，如上呼吸道感染、支气管炎、肺炎等，特别是小儿，很容易引起感冒和支气管炎。这个时节仍应坚持慢慢加衣，不要一下子穿得太厚。穿衣原则是以不出汗为度，避免汗孔大开，引风邪寒气侵入人体。此时节，要适当减少户外活动，注意保暖，避免消耗阳气。

[大雪]

大雪在每年 12 月 6 日 ~ 12 月 8 日之间。此时节，人应早睡晚起，保持沉静愉悦的心情。避免受寒，保持温暖，室温以 16 ~ 20℃为宜，湿度以 30% ~ 40% 为宜。

[冬至]

冬至又称"圣节"，或叫"大冬"，在每年 12 月 21 日 ~ 12 月 23 日之间。冬至是一年中白昼最短、夜晚最长的一天，也是一年中最寒冷时期的开始，要注意防冻保暖。人体许多宿疾易在这一时期发作，如呼吸系统、泌尿系统疾病，且发病率相当高。

[小寒]

小寒在每年的 1 月 5 日 ~ 1 月 7 日之间，此时要注意防寒保暖，减少户外活动。冬季阳气在内，阴气在外，人们应早睡晚起，不要让皮肤出汗耗阳，使人体与"冬藏"之气相应，但仍应积极参加健身运动和娱乐活动，保持适度运动量。

[大寒]

大寒是冬季的最后一个节气，也是一年中最后一个节气，在每年 1 月 20 日或 21 日。大寒正值三九后，气温很低，人体应固护精气，滋养阳气，将精气内蕴于肾，化生气血津液，促进脏腑生理功能。在大寒时节，更应注意防寒保暖，防止冻疮，促进四肢血液循环。大寒虽为最严寒的时节，但离春天已经不远了。

冬季进补原则

1. 冬季进补应以补肾健身为主，培本固元，增强体质。

2. 可以选择补益力较强、针对虚证的补品。只要虚证的诊断结果正确，整个冬季都应坚持进补，必能增强体质，促进健康。

3. 虽然冬季可以服用滋腻的补品，但还是要控制每次的进补量，避免倒胃口，影响正常的饮食。

4. 冬季是老年人容易发病的季节，若恰逢旧病发作或发烧等，应暂停进补，待病情稳定后再结合疾病致虚的情况进补。

冬季进补推荐食物

黑米、糯米、黑豆、黑芝麻、胡桃肉、韭菜、猪肾、牛肉、羊肉、羊肾、鹿肉、狗肉、鸡肉、鸽蛋、鹌鹑、黄鳝、海参、鱼鳔、虾等。

排骨莲藕汤

**冬季养生
推荐食材**

【猪骨】猪骨即猪的骨头，我们经常食用的是排骨和腿骨。猪骨性温，味甘、咸，入脾、胃经，有补脾气、润肠胃、生津液、泽皮肤、补中益气、养血健骨的功效。猪骨除含蛋白质、脂肪、维生素外，还含有大量磷酸钙、骨胶原、骨黏蛋白等，煮汤喝能壮腰膝、益力气、补虚损、强筋骨。儿童经常喝骨头汤，能及时补充人体所必需的骨胶原等物质，增强骨髓造血功能，有助于骨骼的生长发育；成人常喝骨头汤，可延缓衰老。

需注意的是，感冒发热期间忌食猪骨，急性肠道炎感染者忌食猪骨。骨折初期不宜饮用排骨汤，中期可少量进食，后期饮用可达到很好的食疗效果。

用料

排骨	450 克	料酒	1 大勺
嫩藕	300 克	盐	1 小勺
香菜段	10 克	胡椒粉	1/2 小勺
生姜	5 片		

制作方法

1. 排骨洗净，剔去筋膜，剁成小块。

2. 锅内加入清水煮沸，放入排骨氽烫后捞出。

3. 嫩藕洗净去皮，切成滚刀块。

4. 排骨和姜片放入砂锅内，加入适量清水，以小火炖至八成熟。

5. 加入藕块、料酒和盐，继续炖至熟透入味，调入胡椒粉。

6. 撒香菜段即成。

下厨心语

1. 莲藕分为红花藕、白花藕和麻花藕三种。红花藕形瘦长，外皮褐黄色，粗糙，含淀粉多、水分少，糯而不脆嫩，最适合煲汤。莲藕以两端藕节完整为佳，因为这样的莲藕的藕眼里不会有泥沙。

2. 炖汤时不宜用铁锅，否则汤色会变黑。

五彩艳丽
排骨肉嫩
酸辣十足

泰国酸辣排骨汤

用料

猪排骨	500 克	鲜柠檬汁	1/2 大勺
小蘑菇	150 克	盐	1 小勺
红葱头	5 个	酸三角汁	1 小勺
圣女果	6 个	椰棕糖	1/2 小勺
鲜香茅	2 根	青朝天椒	5 根
西洋香菜	1 棵	干朝天椒	4 根
鱼露	2/3 大勺	菩提叶	5 片

制作方法

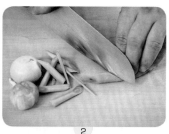

1. 猪排骨漂洗净血水，剁成3厘米长的段。

2. 红葱头剥皮，用刀拍裂；鲜香茅洗净，取根部切段，用刀稍拍。

3. 圣女果洗净，对半切开；小蘑菇洗净，把表面的黑色部分用小刀削去，个大的对半切开；西洋香菜洗净，切段；菩提叶洗净，沥干。

4. 干朝天椒放入热干锅内炒至焦脆呈虎皮色。

5. 砂锅上火，加入清水煮沸，放入排骨段用小火炖半小时，加入红葱头、鲜香茅段、圣女果、青朝天椒、菩提叶和小蘑菇，用中火炖至软嫩出味时熄火。

❶一定要待清水煮沸时放入排骨。若凉水时就下排骨，不仅吃起来有腥味，而且汤汁浑浊。

6. 将炖好的排骨汤盛入大碗内，加入鲜柠檬汁、鱼露、椰棕糖、盐和酸三角汁调味。

❶调味应在碗内进行，若在砂锅加热时进行调味，成菜味道欠佳。

7. 再加入西洋香菜段和炒脆的干朝天椒即成。

色泽鲜亮
咸香微辣

麻辣排骨烩菜

猪排骨	400 克	料酒	2/3 大勺
冻豆腐	200 克	盐	2/3 小勺
白菜叶	200 克	干辣椒段	2/3 小勺
宽粉	50 克	花椒	1/2 小勺
葱段	5 克	红油	1 小勺
姜片	5 克	藤椒油	1 小勺
豆瓣酱	1 大勺	色拉油	3 大勺

制作方法

1. 将猪排骨剁成小段,冲净血水。

2. 白菜叶用手撕成巴掌大小的片。

3. 冻豆腐切成骨牌厚片;宽粉用凉水泡软;豆瓣酱剁细。

4. 锅内倒入色拉油烧至四成热,加入葱段、姜片、花椒和干辣椒段爆香,下入猪排骨煸干水。

5. 放入豆瓣酱炒出红油,烹料酒,加入开水,调入盐,大火煮沸。

6. 倒入高压锅内,15分钟至熟透,开盖后放入白菜叶、冻豆腐和宽粉继续烧至入味。

7. 淋红油和藤椒油,出锅盛入汤碗内即成。

🔔 最后加入红油和藤椒油提升麻辣味,用量可根据个人口味适量增减。

咸香软烂
略带麻辣

土豆肥肠煲

106

用料

土豆	200 克	酱油	1 小勺
白卤肥肠	100 克	白糖	2/3 大勺
香菜段	50 克	盐	1/3 小勺
葱	3 根（切葱花）	胡椒粉	1 小勺
姜	1/4 个（切末）	花椒	2/3 大勺
蒜末	1 大勺	鲜汤	1/3 小勺
干辣椒节	1 根	色拉油	2 大勺

制作方法

1. 将土豆洗净去皮，切成手指粗的条，放入锅内煮至五成熟，捞出放入砂锅内垫底。

2. 白卤肥肠切成小段，汆汤后沥水控干。

❗白卤肥肠需用沸水汆烫一下，以去除内部油污，减少油腻感。

3. 炒锅内倒入1大勺色拉油烧热，下入姜末和蒜末炒香，放入肥肠段略炒，掺鲜汤，调入盐、胡椒粉、白糖和酱油。

4. 肥肠段炖至软烂入味，起锅倒在土豆条上，盖上锅盖上中火煮沸，继续煮3分钟后离火。

5. 炒锅重上火位，倒入剩余色拉油烧热，下入干辣椒节和花椒炸香，浇入砂锅。

❗煲好后，再浇上用热油炸香的干辣椒节和花椒，汤汁才能展现滚烫麻辣的效果。

6. 撒上葱花和香菜段即成。

腊香浓郁
咸鲜微辣

五香腊肉土豆煲

用料

土豆	400 克	老抽	1 大勺
腊肉	150 克	辣椒油	1 小勺
生姜	3 片	盐	1/2 小勺
大葱	2 段	五香粉	1/5 小勺
蒜片	1 小勺	色拉油	1/2 杯

制作方法

1. 土豆洗净去皮，切成滚刀块，投入烧至六成热的色拉油（色拉油留取1大勺）锅内炸至上色，捞出沥干油。

2. 腊肉切成片，放入沸水锅内汆烫一下，捞出沥干。

❗腊肉应用沸水汆烫一下，以去除部分咸味。

3. 坐锅点火，倒入1大勺色拉油烧热，放入姜片、葱段和蒜片炸香，放入五香粉略炒，倒入3杯开水，放入土豆块和腊肉片，调入盐和老抽。

4. 将炒锅内的原料连同汤水倒入砂锅内，盖上锅盖以小火炖至熟透入味。

❗炖制时间以土豆入味为度。

5. 淋辣椒油即成。

❗如果不喜欢吃辣，可将辣椒油改为香油。

冬季养生
推荐食材

【羊肉】寒冬腊月正是吃羊肉的最佳季节。在冬季，人体的阳气潜藏于体内，身体容易出现手足冰冷、气血循环不良的情况。按中医的说法，羊肉味甘而不腻，性温而不燥，具有补肾壮阳、暖中祛寒、温补气血、开胃健脾、补阴虚、壮肾阳、增精血的功效，所以冬天吃羊肉，既能抵御风寒，又可滋补身体，一举两得。

需注意的是，发热病人慎食羊肉；水肿、骨蒸、疟疾、外感、牙痛及一切热性病症者禁食羊肉。红酒和羊肉一起食用后会产生化学反应，因此吃羊肉时最好不要喝红酒。

三羊开泰

原料

羊肉	………………	150 克
羊血	………………	150 克
羊肠	………………	150 克

调料

火锅料	………………	适量
辣椒油	………………	适量
盐	………………	适量
味精	………………	适量
白糖	………………	适量
汤	………………	适量
花生油	………………	适量

制作方法

1. 羊肉、羊血、羊肠煮熟改刀，汆水备用。
2. 锅内加油烧热，入火锅料炒香，加少许汤，下入羊肉、羊血、羊肠、盐、味精、白糖炖制入味。
3. 出锅时淋辣椒油即可。

益气血，壮肾阳，补虚劳
健脾胃，理虚寒，补形衰

萝卜豆腐炖羊肉

原料

羊肉	……………………………	200 克
萝卜	……………………………	50 克
豆腐	……………………………	50 克

调料

香菜	……………………………	适量
香油	……………………………	适量
盐	……………………………	适量
胡椒粉	……………………………	适量
味精	……………………………	适量
葱、姜块	……………………………	各适量

制作方法

1. 羊肉切小块，下沸水锅氽熟，捞出洗净。

2. 萝卜去皮，切块，入沸水中烫熟，捞出沥干。

3. 豆腐切成与萝卜相同大小的块。香菜择洗干净，切成碎末。

4. 汤锅加清水烧开，下入羊肉、葱、姜块、盐。

5. 炖至羊肉八成熟时加入萝卜块、豆腐块，炖至熟烂。

6. 加味精，撒胡椒粉、香菜末，淋上香油，出锅即可。

香鲜可口
酥嫩入味

葱香土豆羊肉煲

114

用料

羊腿肉	200 克	酱油	1 小勺
土豆	100 克	盐	1/3 小勺
葱白段	50 克	孜然粉	1 小勺
生姜	5 片	茴香粉	2/3 大勺
香菜段	3 根	香油	1/3 小勺
料酒	1 大勺	色拉油	适量

制作方法

1. 羊腿肉切成小方块,同凉水一起入锅,煮沸后继续煮3分钟,捞出漂去污沫,沥干水。

2. 土豆洗净去皮,切成滚刀块,下入烧至六成热的色拉油锅内炸黄,捞出沥干油。

3. 坐锅点火,倒入2大勺色拉油烧热,下入姜片炸香,放入羊肉块煸炒,烹料酒,倒入4杯开水,放入酱油、盐、孜然粉和茴香粉调好色味。

❶ 羊肉炖制前必须用足量的热底油煸干水汽。

4. 将炒锅内的原料连同汤水倒入高压锅内,上火压20分钟至软烂后离火。

5. 炒锅重上火位,倒入色拉油烧至七成热,放入葱白段炸上色,沥干放入砂锅,再将高压锅内的原料连同汤汁倒入砂锅。

❶ 葱白炸后再炖,不但葱香味浓,而且口感软嫩。

6. 淋香油,撒香菜段,盖上锅盖再烧5分钟即成。

鱼羊鲜

原料

净羊肉	…………………………	200 克
净鱼肉	…………………………	350 克

调料

葱片	…………………………	5 克
姜片	…………………………	5 克
鸡粉	…………………………	3 克
胡椒粉	…………………………	5 克
高汤	…………………………	500 克
熟猪油	…………………………	30 克
香葱末	…………………………	少许
盐	…………………………	适量

制作方法

1

2

3

1. 净鱼肉、净羊肉改刀切片,加盐码味。

2. 炒锅上火,加入熟猪油烧热,放入葱片、姜片煸香。

3. 加高汤烧沸,下羊肉片、鱼肉片烧5分钟。

4. 用盐、鸡粉、胡椒粉调味,撒香葱末,出锅即可。

4

补肾, 健脾
润肺, 壮骨

羊肉虾皮羹

原料

羊肉 ………………… 150 ~ 200 克
虾皮 ………………………… 30 克

调料

大蒜 ………………………… 4 ~ 5 瓣
葱 ………………………………… 少许

制作方法

1

2

3

4

1. 羊肉洗净, 切成薄片备用。
2. 虾皮洗净, 大蒜切片, 葱切葱花。
3. 锅置火上, 加水烧开, 放入虾皮、蒜片、葱花。
4. 待虾皮煮熟后放入羊肉片, 再稍煮至羊肉片熟透即可。

羊肉番茄汤

益气血，壮肾阳
补虚劳，健脾胃

原料

熟羊肉	·················	250 克
西红柿	·················	200 克

调料

盐	·················	适量
味精	·················	适量
香油	·················	适量
羊肉汤	·················	适量

制作方法

1

2

3

4

1. 熟羊肉切成小薄片。
2. 西红柿洗净，去蒂，切成块。
3. 锅内加入羊肉汤，放入羊肉片、盐稍煮。
4. 放入西红柿，烧开后撇去浮沫，放味精、香油，装碗即可。

益气血
壮肾阳,补虚劳,
健脾养胃,利水渗湿

玉米羊肉汤

原料

羊肉	300 克
鲜玉米粒	300 克

调料

盐	适量
胡椒粉	适量
味精	适量
料酒	15 克
高汤	1000 克
香菜末	3 克

制作方法

1

2

3

1. 羊肉洗净,切丁,加盐、料酒腌制入味。

2. 高汤入锅烧沸,放入鲜玉米粒,加入盐、胡椒粉、味精调味。

3. 再放入羊肉丁煮熟,撒香菜末即可。

酸中带甜，甜中飘香
香而不腻，鲜滑爽口

罗宋汤

用料

牛肉	100 克	面粉	1 大勺
土豆	150 克	番茄酱	1 大勺
卷心菜	100 克	白糖	2 小勺
番茄	100 克	盐	1 小勺
洋葱	50 克	黄油	1 大勺

制作方法

1. 牛肉切成1.5厘米见方的丁。

2. 土豆洗净去皮,同卷心菜和番茄分别切成滚刀小丁;洋葱去皮切碎。

3. 汤锅上火,倒入4杯水,放入牛肉丁,以小火煮熟。

4. 炒锅内放入1小勺黄油加热至化开,下入洋葱碎炒香,继续下土豆丁和卷心菜丁炒软,倒入牛肉汤锅内。

5. 炒锅内再放入1小勺黄油加热至化开,放入番茄丁和番茄酱炒透,倒入牛肉汤锅内。

6. 剩余黄油放入炒锅内加热至化开,加入面粉炒黄出香,倒入牛肉汤锅内。

7. 待原料全部煮软,加入白糖和盐调味即成。

贴心
提示

1. 如果觉得番茄酱酸味过重,可用番茄切碎炒出汁代替。

2. 原料分别用黄油炒制后再煮汤,味道较香浓。一定要用黄油,成菜味道才香。

3. 加入炒面粉,如同中餐勾芡,能起到让汤汁浓稠的作用。

川香土豆兔肉煲

带骨兔肉	500 克	香辣酱	1 大勺
土豆	300 克	干辣椒节	2 小勺
红柿椒	50 克	老抽	2 小勺
生姜	5 片	盐	1/3 小勺
大葱	3 段	花椒	1/3 小勺
香菜段	1 小勺	香油	1 小勺
豆瓣酱	1 大勺	色拉油	3 大勺

制作方法

1

2

3

4

5

1. 带骨兔肉切成2厘米宽的条，放入清水中浸泡数小时后换清水洗净。

❶ 选用嫩兔肉为佳，腥味较小且易熟。

2. 兔肉条同凉水一起入锅，以大火煮沸，汆烫5分钟，捞出用温水冲净表面污沫。

3. 土豆洗净去皮，切成手指粗的条；豆瓣酱剁细；红柿椒洗净，切成手指宽的条。

4. 炒锅内倒入色拉油烧至六成热，下入葱段、姜片、干辣椒节和花椒炒香，继续下豆瓣酱和香辣酱炒出红油，再放入兔肉条煸干水汽，倒入3杯开水，加入老抽和盐调好色味。用小火炖至软烂，倒入砂锅内，加入土豆条炖软。

❶ 用炒香的辣酱与兔肉条一起炒透，之后加汤炖制，成菜味道更佳。

5. 再加入红柿椒条和香油略炖，撒香菜段，原锅上桌即成。

冬季养生
推荐食材

【鸡肉】常言道，"逢九一只鸡，来年好身体"，即是说冬季人体对能量与营养的需求较多，经常吃鸡进行滋补，不仅可以更好地抵御寒冷，而且可以为来年的健康打下坚实的基础。

鸡肉的食疗价值很高，中医认为鸡肉具有温中益气、补精填髓、益五脏、补虚损的功效，可用来对脾胃气虚、阳虚引起的乏力、胃脘隐痛、浮肿、产后乳少、虚弱头晕等症状进行调补。但用鸡肉进补时需注意公鸡和母鸡作用有别：公鸡肉性属阳，温补作用较强，比较适合阳虚气弱者食用；母鸡肉属阴，比较适合产妇、小儿等体弱多病者食用。

冬季是感冒流行的季节，对健康人而言，多喝些鸡汤可提高自身免疫力，将流感病毒拒之门外；对于那些已被流感病毒"俘虏"的患者而言，多喝点鸡汤有助于缓解感冒引起的鼻塞、咳嗽等症状。

但需注意：鸡肉含有丰富的蛋白质，为了避免加重肾脏负担，尿毒症患者禁食；鸡肉性温，为了避免助热，高烧患者及胃热患者禁食；鸡肉中磷的含量较高，为了避免影响铁剂的吸收，服用铁剂时暂不要食用鸡肉。鸡的臀尖是细菌、病毒及致癌物质的"仓库"，不宜食用。

温中益气
滋补肝肾
补精填髓

鲜人参炖鸡

原料

小鸡	……………………………	1只
鲜人参	……………………………	2根
枸杞	……………………………	10颗

调料

盐	……………………………	适量
白糖	……………………………	适量
料酒	……………………………	适量
姜片	……………………………	适量
香菜末	……………………………	适量
上汤	……………………………	适量
花椒	……………………………	适量

制作方法

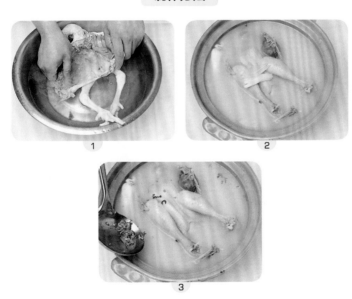

1. 小鸡从背部开刀，去除内脏，冲洗干净。

2. 锅中加上汤、鲜人参、小鸡、枸杞、姜片、花椒，中火烧开，转小火炖烂。

3. 拣去姜片、花椒，加盐、白糖、料酒调味，撒香菜末即可。

汽锅鸡

原料

肥鸡	……………………………………	1只
香菇	……………………………………	适量
冬笋	……………………………………	适量
火腿	……………………………………	适量

调料

盐	……………………………………	适量
料酒	……………………………………	适量
白糖	……………………………………	适量
胡椒粉	……………………………………	适量
葱段	……………………………………	适量
姜块	……………………………………	适量

制作方法

1

2

1. 肥鸡剁成块，洗净待用。香菇、冬笋、火腿改刀成块。

2. 汽锅中加入鸡块、香菇块、冬笋块、火腿块、葱段、姜块，
   加盐、料酒、白糖调味，中火煮30分钟至鸡块熟透，拣去
   葱、姜，撒胡椒粉即可。

参芪鸡汤

补气补血
益气健脾
生津润肺

原料

母鸡	……………………………	1只
黄芪	……………………………	15克
炮姜	……………………………	6克
党参	……………………………	适量
仙鹤草	……………………………	适量

调料

盐	……………………………	适量

制作方法

1

2

3

1. 将母鸡宰杀，去杂洗净，待用。

2. 将黄芪、炮姜、党参和仙鹤草一并装入鸡腹内。

3. 将鸡放入砂锅中，加适量水，炖至鸡肉酥软、汤成，加少许盐调味即可。

黄椒鱼头煲

用料

花鲢鱼头	1个（约1000克）	蒜末	1 小勺
洋葱	100 克	黄灯笼辣椒酱	3 大勺
水发粉条	100 克	蒸鱼豉油	3 大勺
生姜	3 片	料酒	1 大勺
大葱	3 段	盐	1/2 小勺
小葱花	2 小勺	调和油	2 大勺
姜末	1 小勺		

制作方法

1. 花鲢鱼头洗净，剁成大块放入盆内，加入姜片、料酒、葱段和盐拌匀，腌制10分钟。

2. 将鱼头逐块放入沸水锅内汆透，捞出后再用清水洗两遍，沥干水。

🔴汆烫后的鱼头一定要用清水漂洗干净黑膜和黏液。

3. 洋葱剥皮，切成丝，放入砂锅内垫底，上面放水发粉条，再摆上鱼头块。

4. 淋蒸鱼豉油。

5. 坐锅点火，倒入调和油烧热，下入姜末和蒜末炸香，倒入黄灯笼辣椒酱炒香。

6. 起锅浇在鱼头块上。

7. 盖上砂锅盖，上火加热10分钟至鱼头熟透入味。

🔴加热时火不宜太旺，以免鱼头还没熟，汤汁就被熬干。

8. 撒上小葱花即成。

双椒鲢鱼

用料

鲢鱼	1条 (约750克)	鲜花椒	2大勺
鲜青小米辣	50克	干淀粉	1大勺
鲜红小米辣	50克	料酒	2小勺
猪肥肉片	10克	盐	1小勺
姜片	5克	胡椒粉	1/3小勺
葱段	5克	色拉油	1/3杯
蛋清	30克		

制作方法

1. 将鲢鱼宰杀处理干净,剁下头尾,鱼身剔除鱼骨。将鱼头、鱼尾和鱼骨均放入沸水中汆烫。

2. 取净鱼肉切成0.3厘米厚的片,放入小盆内,加入干淀粉、料酒、蛋清和1/3小勺盐拌匀上浆。

3. 鲜青小米辣、鲜红小米辣分别洗净,切小圈。

4. 炒锅上火,倒入1大勺色拉油烧热,炸香姜片和葱段,加清水,下入猪肥肉片和汆好的鱼头、鱼尾、鱼骨。

5. 煮沸至汤白时调入胡椒粉和剩余盐,继续煮2分钟,拣出猪肥肉片。

6. 鱼骨捞入汤盆内垫底,接着将鱼片下入汤中煮熟。

7. 将猪肥肉片、鱼片连同汤汁一起倒入汤盆内。

8. 迅速将炒锅洗净,重上火位,倒入剩余色拉油烧热,下入鲜花椒炒香,再下入小米辣圈炒出香味。

9. 起锅连油浇入汤盆中即成。

锅仔泥鳅片

用料

去骨泥鳅	250 克	豆瓣酱	1 大勺
黄豆芽	100 克	剁椒酱	1 大勺
青笋	150 克	料酒	2 小勺
清水滑子菇	100 克	干淀粉	2 小勺
香菜段	10 克	酱油	2 小勺
姜末	1 小勺	盐	1 小勺
蒜末	1 小勺	色拉油	3 大勺

制作方法

1. 将去骨泥鳅切成厚片，放入小盆内，加入料酒、干淀粉和1/3小勺盐拌匀，腌制10分钟。

ⓘ 泥鳅应事先放在加有盐和油的清水中饿养一两天，让其吐净污物，去除土腥味后再行处理。

2. 豆瓣酱剁细；青笋去皮，切成5厘米长、筷子般粗的条。

3. 黄豆芽和清水滑子菇放入沸水中焯透。

4. 坐锅点火，倒入色拉油烧热，下入姜末和蒜末炸香，继续下豆瓣酱和剁椒酱炒出红油，放入青笋条、黄豆芽和滑子菇略炒。

5. 倒入适量开水煮至断生，捞入锅仔内垫底。

6. 再将泥鳅片下入锅内煮熟，加入酱油和剩余盐调好色味。

ⓘ 泥鳅煮制时间不宜过长，断生即可。

7. 起锅倒入锅仔内，撒香菜段。

8. 将锅仔置于点燃的酒精炉上即成。

海参首乌红枣汤

【海参】冬季天气冷，人体抵抗力下降，特别是老年人，更容易生病。海参体内含有50多种天然珍贵的活性物质，以及丰富的维生素和人体所需的无机盐，常吃海参可以增强抵抗力，预防感冒，抗疲劳。

海参是海洋中的珍品，位列海八珍之首。海参性温，味甘咸，是高蛋白食物，能够延缓衰老、增强免疫力，有滋阴补肾、养血润燥等功效，对患有高血压、心血管疾病、肝炎、糖尿病的人群，特别是处于亚健康状态的人群有很好的保健作用，对妊娠期和哺乳期妇女更有养血润燥、调经养胎、助产催奶的保养作用，堪称食疗佳品。将发制好的海参直接食用，或炖鸡汤，或加蜂蜜水，既不破坏海参的营养，又有助于人体吸收。

原料			**调料**	
海参	……………………………	60克	盐 ……………………………………………	适量
何首乌	……………………………	25克		
红枣	……………………………	4颗		

制作方法

1 2

3 4

1. 将海参泡发，洗净，切块。

2. 红枣洗净，去核。

3. 将海参、红枣、何首乌一同放入炖盅内，加适量水。

4. 隔水文火炖约1小时，加盐调味即可。

奶油猴头菇

用料

水发猴头菇	200 克	干淀粉	1 大勺
嫩青菜心	50 克	水淀粉	1 大勺
鲜牛奶	1/3 杯	色拉油	2 大勺
盐	2/3 小勺		

制作方法

1

2

3

4

5

1. 水发猴头菇挤干水分,用坡刀切成厚片,加入干淀粉和1/3小勺盐拌匀。

2. 嫩青菜心洗净,对半切开。

3. 汤锅上旺火,倒入1杯清水和1小勺色拉油,煮沸后逐片下入猴头菇片焯透,捞出沥干。

🔔 焯烫时必须用旺火沸水,否则猴头菇片表面粉浆会脱入水中成糊。

4. 炒锅上火,倒入剩余色拉油烧热,下入嫩青菜心炒至变色,倒入鲜牛奶。

🔔 炒锅一定要洁净,以保证成菜色泽洁白。

5. 加入剩余盐调好口味,放入猴头菇片,烧至略入味,勾水淀粉,推匀装盘即成。

俄罗斯酸菜口蘑汤

用料

酸白菜	……………………	250 克	茴香末	…………………… 1 小勺
口蘑	……………………	75 克	香叶	…………………… 2 片
胡萝卜	……………………	50 克	胡椒	…………………… 4 粒
洋葱	……………………	25 克	盐	…………………… 1 小勺
酸奶油	……………………	3 大勺	黄油	…………………… 3 大勺
番茄酱	……………………	2 大勺		

制作方法

1. 口蘑煮熟, 切成片。

❗口蘑味道鲜美, 能增加汤的鲜味。

2. 酸白菜切成末; 胡萝卜洗净, 切小片; 洋葱去皮, 切片。

3. 炒锅内放入黄油, 烧热后放入洋葱片、番茄酱和香叶炒香。

4. 倒入适量开水, 加入胡椒、酸白菜末和胡萝卜片。

5. 以小火煮出味, 再放入口蘑片煮沸。

❗要将酸白菜的味道充分煮出来, 成菜味道才好。

6. 加入盐和酸奶油调味, 撒茴香末即成。

味道咸香
奶味浓郁

意式奶油土豆汤

用料

土豆	200 克	盐	2 小勺
淡奶油	1/2 杯	黑胡椒碎	1 小勺
芦笋	100 克	香叶	2 片
洋葱	50 克	高汤	3 杯
黄油	2 大勺		

制作方法

1. 土豆洗净去皮,切成小块。

2. 芦笋去根,取茎部削去老皮,切成小段;洋葱切丝。

3. 坐锅点火,将黄油加热至化开,放入洋葱丝和芦笋段,小火炒至吃足油分,再加入高汤和香叶。

🔔 香叶撕开叶柄,煮制时香味才易挥发出来。

4. 大火煮沸后放入土豆块,小火煮至土豆块熟透,拣出香叶。

5. 将煮好的汤汁和原料晾凉,一同倒入料理机内,搅打成土豆汤汁。

🔔 如果想保留土豆汤汁的颗粒感,可少搅拌一会儿。

6. 土豆汤汁重倒入锅内加热,调入淡奶油和盐,撒黑胡椒碎即成。

色泽淡黄
味香甜辣
奶味香浓

泰式土豆汤

名菜由来

　　泰国美食世界驰名，口味偏酸、甜、辣，对于喜食辣味的人尤其具有吸引力。泰国美食注重搭配，使用多种自然原料和香料调味，特别是一些炖煮菜品，味道相当浓郁。泰国人爱喝汤，他们的汤菜汁浓味重，多可直接当作主菜搭配米饭吃。下面就向大家介绍一道泰式土豆汤的做法，让我们一起来品味一下泰国风情吧。

用料

土豆	100 克	咖喱粉	1 小勺
胡萝卜	75 克	盐	3/5 小勺
长豆角	75 克	花椒	1/5 小勺
洋葱	25 克	色拉油	2 大勺
椰奶	1/4 杯		

制作方法

1. 土豆和胡萝卜均洗净去皮，切成薄片；洋葱切丝；长豆角放入沸水锅内焯透，捞出放入凉水中，取出切段。

2. 坐锅点火，倒入色拉油烧热，下入花椒炸煳捞出，放入洋葱丝、土豆片和胡萝卜片炒香，加入咖喱粉略炒。

3. 添入2杯开水，调入盐，放入长豆角段煮熟。

4. 再加入椰奶稍煮即成。

下厨心语

1. 椰奶和咖喱粉是此菜不可缺少的两种调料。

2. 长豆角一定要煮熟。

3. 椰奶应最后加入，若加入过早，会与咖喱的味道太过交融。如果喜欢奶味浓郁的汤品，可多加椰奶。

土豆酥烂
汤味鲜辣
香味浓郁

韩式土豆酱汤

**名菜
由来**

　　韩式土豆酱汤用土豆、猪脊骨和白菜熬炖而成，汤味鲜辣，香气浓郁，土豆从里到外都有猪脊骨的味道，是韩国人最喜欢的汤品之一。此汤早晚喝都很好，韩国的土豆酱汤店是24小时营业的。

　　土豆酱汤中的猪脊骨很大，要用手拿着啃才有滋味。看着一块土豆和猪脊骨浸在红色的汤中，那种大口吃肉的快感很是过瘾。不拘泥于形象，一饱口福才是最重要的。

用料

土豆	400 克	韩国烧酒	1 大勺
猪脊骨	400 克	酱油	1 大勺
白菜帮	100 克	料酒	1 大勺
大蒜	6 瓣	芝麻粉	1 小勺
大葱	2 根	辣椒粉	1 小勺
生姜	3 片	盐	1 小勺
韩国辣椒酱	2 大勺		

制作方法

1

2

3

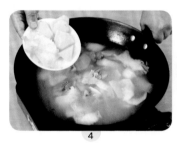
4

5

1. 猪脊骨洗净，剁成大块，放入沸水中汆烫。

2. 土豆去皮切块；白菜帮切片；大葱切段；一半大蒜拍松，剩余大蒜切末。将土豆块和白菜片分别放入沸水中焯烫一下。

3. 锅内添入5杯清水，放入姜片和拍松的蒜瓣，加入猪脊骨和料酒煮30分钟。

4. 捞出蒜瓣和姜片，倒入土豆块和白菜片煮20分钟。

5. 加入葱段、韩国烧酒、韩国辣椒酱、辣椒粉、蒜末、芝麻粉、酱油和盐，继续煮10分钟即成。

下厨心语

1. 土豆酱汤一定要用猪脊骨来做，这样汤的味道才浓。

2. 这道汤中如果加入苏子叶，味道会更加正宗。

法式土豆火腿浓汤

用料

土豆	150 克	香菜	10 克
卷心菜	100 克	盐	1 小勺
洋葱	75 克	胡椒粉	1/3 小勺
火腿	50 克		

制作方法

1. 土豆洗净去皮切丁。

❗最好选用面土豆。

2. 卷心菜切丝；洋葱切丁；火腿切小粒；香菜洗净切末。

3. 汤锅上火，倒入2杯水煮沸，放入土豆丁、卷心菜丝和洋葱丁煮熟。

❗煮蔬菜时，最好少放一些水，刚没过原料即可。

4. 将煮熟的蔬菜分次倒入料理机内打碎。

5. 将打碎的蔬菜倒回锅内，加入火腿粒稍煮，调入盐和胡椒粉，撒香菜末即成。

蘑菇玉米
土豆汤

用料

土豆 ··	150 克
玉米粒 ··	50 克
蘑菇 ··	50 克
芹菜 ··	25 克
盐 ··	2 小勺
香油 ··	1/3 小勺
鲜汤 ··	3 杯

制作方法

1. 蘑菇放入沸水中焯透,切丁;芹菜切粒。

❗ 蘑菇必须焯透,以去除酸涩味。

2. 土豆去皮洗净,切成片,上蒸锅蒸熟,放入料理机内,
   再加入1杯鲜汤,打成糊后盛出。

3. 汤锅上火,加入剩余鲜汤煮沸,放入蘑菇丁和玉米粒
   煮熟。

❗ 如果喜欢汤稀一点,可多用鲜汤;反之,则少加鲜汤。

4. 倒入土豆糊和芹菜粒煮匀,加入盐调味,淋香油即成。

第三章

煲给全家人喝的美味汤

儿童营养汤

儿童饮食原则

1. 营养要全面、均衡。
2. 保证摄入足量的营养物质，但不宜过量，以免导致肥胖。
3. 适当增加餐次，有条件的应课间加餐。

儿童进补禁忌

1. 忌寒凉食物，要少吃西瓜、梨、香蕉。
2. 忌食过辛辣、油腻、酸甜的食物，以免伤脾胃、伤牙齿。
3. 忌食含过多食品添加剂的食物。
4. 忌不按时节进补。

汤汁清澈
润口解腻

荷包蛋
清汤

用料

鸡蛋	……………………………	1 个
枸杞	……………………………	1 小勺
小葱	……………………………	5 克
生姜	……………………………	3 克
胡椒粉	……………………………	1 小勺
盐	……………………………	1/5 小勺
香油	……………………………	1/2 小勺

制作方法

1

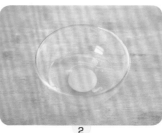
2

3

4

1. 小葱洗净, 切葱花; 生姜洗净去皮, 切末; 枸杞用热水泡软。

2. 鸡蛋打入小碗内。

🔔 将鸡蛋打入小碗内, 再倒入水中, 可做出完美的荷包蛋。

3. 汤锅上火, 倒入2杯清水烧至微沸, 加入姜末, 倒入鸡蛋煮成荷包蛋。

🔔 荷包蛋的生熟程度可根据个人口味而定。

4. 快熟时加入盐和胡椒粉调味, 撒入葱花和枸杞, 淋香油, 出锅即成。

益精补气,清热解毒
养血润燥,健脑益智

平菇蛋汤

原料

鸡蛋 ……………………… 3个
鲜平菇 …………………… 250克
青菜心 …………………… 50克

调料

绍酒 ……………………… 适量
盐 ………………………… 适量
酱油 ……………………… 适量
鸡粉 ……………………… 适量
食用油 …………………… 适量

制作方法

1. 青菜心洗净,切成段。

2. 将鸡蛋磕入碗中,加绍酒、盐搅匀。

3. 鲜平菇洗净,撕成薄片,在沸水中略烫一下,捞出。

4. 炒锅置旺火上,加油烧热,放入青菜心段煸炒。

5. 放入平菇片,倒入适量水,调入鸡粉烧开。

6. 加盐、酱油,倒入鸡蛋液,再次烧开即成。

儿童保健
推荐食材

【香菇】香菇热量低，蛋白质、维生素含量高，能提供儿童身体所需的多种维生素，对儿童生长发育很有好处。香菇中含有一般蔬菜所缺乏的麦甾醇，麦甾醇可转化成维生素 D，能促进儿童体内对钙的吸收。经常食用香菇可增强儿童免疫力，预防感冒。鉴于儿童消化系统比较娇弱，做香菇时一定要洗净、蒸透、煮烂。妈妈们要记住，要想充分吸收香菇的营养，最好选择干香菇。

補肝肾，健脾胃
益智安神

香菇干贝汤

原料

香菇	…………………………	50克
干贝	…………………………	20克

调料

鲜汤	…………………………	适量
葱花	…………………………	适量
姜末	…………………………	适量
植物油	………………………	适量
料酒	…………………………	适量
盐	……………………………	适量
香油	…………………………	适量

制作方法

1. 将干贝剔去筋，洗净后放入碗内。

2. 干贝碗中加清水适量，放入蒸笼中蒸20分钟，取出。

3. 炒锅上火，放油烧热，下葱花、姜末煸炒。

4. 加入鲜汤、料酒。

5. 放入干贝、香菇、盐，大火烧沸，再用小火炖约10分钟。

6. 汤中淋上香油，装入汤碗即成。

清热解毒
止咳化痰
预防感冒

豆腐田园汤

**儿童保健
推荐食材**

【西蓝花】西蓝花中的营养成分不仅含量高，而且十分全面，主要包括蛋白质、碳水化合物、脂肪、矿物质、维生素C和胡萝卜素等。西蓝花中蛋白质含量很高，矿物质成分也比其他蔬菜更全面，钙、磷、铁、钾、锌、锰等含量都很丰富。

西蓝花还含有丰富的维生素C，能增强肝脏的解毒能力，提高机体免疫力。西蓝花虽然属于高纤维蔬菜，口感却很细嫩，对因过度食用现代精细食物导致消化功能欠佳的儿童来说，是非常适宜的选择。

原料		调料	
豆腐	150克	葱花	适量
白蘑	20克	酱油	适量
胡萝卜	100克	盐	适量
玉米笋	50克	鸡汤	适量
西蓝花	50克	料酒	适量
土豆	50克	花生油	适量

制作方法

1. 白蘑洗净，切片。豆腐洗净，切片。

2. 玉米笋切滚刀块。土豆、胡萝卜削去皮，切圆片。西蓝花洗净，掰成小朵。

3. 锅中加油烧热，下葱花炒香，倒入鸡汤，放入所有原料。

4. 小火将原料炖至熟烂，加酱油、盐、料酒调味即可。

色泽淡红
味道酸甜
入口润滑

山楂红薯羹

用料

鲜山楂	150 克	炼乳	2 大勺
红薯	150 克	盐	1/5 小勺
木瓜肉	50 克	水淀粉	1 大勺
青豆	15 克		

制作方法

1. 鲜山楂洗净去蒂，煮熟后压成泥，过筛后去皮去籽。

   ❗ 山楂的皮和籽一定要去净，以确保成菜的口感。

2. 红薯洗净蒸熟，去皮后也压成细泥。

3. 木瓜肉切成小方丁；青豆放入沸水中略焯。

4. 汤锅上火，倒入2杯清水煮沸，加入山楂泥和红薯泥煮沸。

   ❗ 此羹汤不宜用铁锅煮制。

5. 再加入炼乳、盐、青豆和木瓜丁稍煮。

6. 勾水淀粉，搅匀出锅食用即成。

清炖豆芽排骨汤

用料

鲜猪仔排	500 克	料酒	2/3 大勺
黄豆芽	200 克	盐	1 小勺
葱结	5 克	胡椒粉	1/2 小勺
姜片	5 克	香油	1/3 小勺
香菜段	5 克		

制作方法

1

2

3

4

5

1. 鲜猪仔排顺骨缝划开，剁成3厘米长的段，同凉水一起入锅，煮沸后继续煮5分钟捞出，冲洗干净。

2. 黄豆芽除皮掐根，放入沸水锅内焯至断生，捞出晾凉沥干。

   ❶ 黄豆芽要焯去豆腥味，再与排骨同炖。

3. 高压锅内加入适量清水，放入排骨段、葱结、姜片和料酒，压10分钟。

   ❶ 如用砂锅炖制，时间应在40分钟以上。

4. 离火待汽散后打开锅盖，拣出葱结和姜片，放入黄豆芽，调入盐和胡椒粉，继续炖10分钟。

5. 起锅盛入汤盆内，滴入香油，撒香菜段即成。

土豆软糯
玉米清香
肉质细嫩

农家炖小排

用料

猪小排	500 克	料酒	2/3 大勺
土豆	200 克	盐	1 小勺
嫩玉米	1 根	老抽	适量
生姜	3 片	八角	1 颗
大葱	2 段	胡椒粉	1/3 小勺
香菜段	5 克	色拉油	2 大勺

制作方法

1. 将猪小排顺骨缝划开, 剁成3.5厘米长的段, 汆烫待用。

2. 土豆洗净去皮, 切成滚刀块, 用清水洗去淀粉; 嫩玉米横切成2厘米厚的圆块。

🔔 选用粉质沙绵的面土豆口感最佳。

3. 锅内倒入色拉油烧热, 放入八角炸煳, 再放入葱段和姜片炸香, 倒入排骨煸干水汽。

4. 烹料酒, 加入适量开水, 煮沸后撇去浮沫, 用小火炖30分钟。

5. 加入土豆块和嫩玉米块, 放入盐、老抽和胡椒粉调味。

6. 继续炖20分钟至软烂入味, 起锅盛入汤盆内, 撒香菜段即成。

🔔 出锅后加入香菜, 可令成菜增香增色, 更加诱人。

汤色素雅
米香肉烂
咸鲜适口

糙米排骨汤

用料

排骨 …………………………… 500 克 　　生姜 …………………………… 3 片
糙米 …………………………… 100 克 　　盐 …………………………… 1 小勺
大枣 …………………………… 6 颗

制作方法

1. 糙米淘洗干净，放入清水中浸泡3小时。

2. 排骨顺骨缝划开，剁成3厘米长的段；大枣洗净去核。

3. 排骨放入沸水锅内汆透，捞出用温水洗净表面污沫，沥干水。

❶ 汆烫过的排骨不宜用凉水漂洗，否则炖制时无法充分散发鲜味。

4. 汤锅上火，倒入清水煮沸，放入排骨段、糙米、大枣和姜片。

5. 大火煮沸后撇净浮沫，继续煮20分钟，再转小火煮1小时。

❶ 必须先用大火煮沸一段时间，这样才能使熬出的糙米的营养成分更易吸收。

6. 加入盐调味，盛碗食用即成。

补中益气，补血安神
温胃散寒，增强免疫力

羊肉丸子萝卜汤

原料			调料		
羊肉	……………………	200 克	葱姜汁、香菜末	……………	各适量
白萝卜	……………………	1 根	盐、味精	………………	各适量
鲜香菇	……………………	150 克	胡椒粉	…………………	适量
肥肉末	……………………	50 克	高汤	……………………	适量
芹菜末	……………………	50 克	香油	……………………	适量
鸡蛋液	……………………	适量	淀粉	……………………	适量

制作方法

1. 白萝卜去皮, 洗净切块; 鲜香菇洗净切块, 备用。

2. 羊肉剔去筋, 剁成细蓉, 放入盆中。

3. 将葱姜汁缓缓倒入盆中, 沿一个方向搅打上劲。

4. 盆中再加入鸡蛋液、肥肉末、芹菜末、盐、味精、胡椒粉、淀粉, 搅拌均匀。

5. 锅置中火上, 加高汤。大火烧沸, 将羊肉馅下成小丸子, 放入锅中, 慢火将丸子汆熟, 下入白萝卜块和香菇块, 加入适量盐、味精、胡椒粉调味。

6. 出锅时撒香菜末, 淋上香油即成。

质地滑嫩
滋味鲜美
营养丰富

番茄牛肉羹

牛肉	100克	葱花	1小勺
番茄	2个	姜末	1小勺
水发香菇	2朵	水淀粉	1大勺
香菜	1棵	盐	1小勺
鸡蛋液	50克	色拉油	2大勺

制作方法

1. 牛肉洗净, 先切成粗丝, 再切成末。

2. 番茄洗净, 切成1厘米见方的丁; 水发香菇去蒂, 切成小丁; 香菜洗净切碎。

3. 汤锅上火, 倒入1大勺色拉油烧热, 下入番茄丁和香菇丁略炒后盛出。

4. 锅内倒入剩余色拉油重上火位烧热, 下入牛肉末和姜末煸干水分且酥香, 添入开水, 煮沸后撇去浮沫, 加入盐调味。

5. 待牛肉末煮至酥嫩时, 倒入番茄丁和香菇丁, 用水淀粉勾薄芡, 淋入鸡蛋液推匀, 撒上葱花和香菜碎即成。

🔔 牛肉末煸炒后加水煮酥, 再下入番茄丁和香菇丁。葱花要在最后加入, 使成菜色泽碧绿, 葱香浓郁。

儿童保健
推荐食材

【牛肉】数据显示，缺铁会导致儿童智力不高，即便以后能够补足，仍然无法弥补孩子智力发育的缺陷。因此，儿童应该多吃肉，尤其是猪牛羊等红色的肉，这些肉里面有丰富的铁、锌等微量元素，是儿童补充微量元素极好的来源。

牛肉有黄牛肉、水牛肉之分，以黄牛肉为佳。牛肉含有丰富的蛋白质、脂肪、B族维生素、烟酸、钙、磷、铁、胆甾醇等营养成分，味甘性平，具有强筋壮骨、补虚养血、化痰熄风的作用。

牛肉的营养价值高，古有"牛肉补气，功同黄芪"的说法。凡体弱乏力、中气下陷、面色萎黄、筋骨酸软、气虚自汗者，都可以炖食牛肉以滋补。

浓汤菌菇煨牛丸

原料

牛肉	·······························	200 克
滑子菇	····························	100 克
蘑菇	·······························	100 克
油菜心	····························	50 克
火腿	·······························	20 克

调料

浓汤	·······························	适量
鸡汁	·······························	适量
胡椒粉	····························	适量
生粉	·······························	适量
生抽	·······························	适量
蛋清	·······························	适量

制作方法

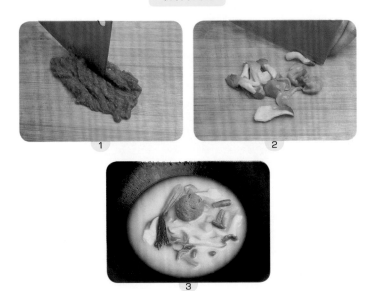

1. 将牛肉剁细成蓉，加生抽、蛋清搅打至起胶。

2. 滑子菇、蘑菇、火腿分别切片。

3. 锅内加入浓汤烧开，将牛肉蓉挤成大丸子，下入汤中浸熟，放入滑子菇片、蘑菇片、火腿片煨熟，加入油菜心稍烫，加鸡汁、胡椒粉调味，搅匀，用生粉勾芡即成。

红枣炖兔肉

【兔肉】兔肉属于高蛋白质、低脂肪、低胆固醇的肉类。兔肉含蛋白质高达 70%，比一般肉类都高，但脂肪和胆固醇含量却低于其他肉类，故有"荤中之素"的别称。兔肉质地细嫩，味道鲜美，营养丰富，消化率可达 85%，这是其他肉类所不能比的。因为兔肉营养价值很高，且不会给消化系统带来负担，所以很适宜儿童食用。

原料		调料	
兔肉	150 克	盐	适量
大红枣	15 颗	胡椒粉	适量

制作方法

1. 兔肉洗净，切块。

2. 选色红、肉质厚实的大红枣，洗净备用。

3. 兔肉块与红枣一同放入瓦锅内，隔水蒸熟。

4. 加盐、胡椒粉调味即可。

儿童保健 推荐食材

【鸡肉】鸡肉含蛋白质、脂肪、钙、磷、铁、维生素 A、维生素 B_1、维生素 B_2、维生素 C、维生素 E、烟酸等丰富的营养成分。鸡肉中蛋白质的含量较高，氨基酸种类多，而且消化率高，很容易被人体吸收利用。鸡肉中还含有对人体生长发育有重要作用的磷脂类，是中国人膳食结构中脂肪和磷脂的重要来源之一。

鸡肉对营养不良、畏寒怕冷、乏力疲劳、贫血、虚弱等有很好的食疗作用。中医学认为，鸡肉有温中益气、补虚填精、健脾胃、活血脉、强筋骨的功效。

但需注意，鸡肉性温，多食容易生热动风，因此不宜过量食用。外感发热、热毒未清或内热亢盛者，黄疸、痢疾、疳积和疟疾患者，肝火旺盛或肝阳上亢所致的头痛、头晕、目赤、烦躁、便秘等患者均不宜吃鸡肉。

补中益气，生津液
润肠胃，强身健体

布袋鸡

原料

小嫩鸡 ······················· 1只

香菇丁、火腿丁、鸡胗丁、肉丁··· 各适量

笋片 ······················· 适量

虾仁 ······················· 适量

糯米 ······················· 适量

青豆 ······················· 适量

水发木耳 ··················· 适量

油菜心 ····················· 适量

调料

盐 ······················· 适量

料酒 ····················· 适量

酱油 ····················· 适量

鸡汤 ····················· 适量

制作方法

1. 整鸡去骨。糯米泡好，放入香菇丁、火腿丁、鸡胗丁、肉丁、青豆，加盐、料酒拌成馅。

2. 将馅从鸡身刀口处装入，将鸡放入盆中，加鸡汤，上笼蒸至熟透，将鸡捞出放入汤碗内。

3. 蒸鸡原汤滗入锅中，放入虾仁、笋片、水发木耳、油菜心，加盐、酱油、料酒调味烧开，连汤带料倒入汤碗中即可。

双豆鸡翅汤

原料

鸡翅中	300克
黄豆、青豆	各25克
姜片	5克
葱结	5克

调料

料酒	1大勺
盐	1小勺

制作方法

1. 将鸡翅中洗净，剁成小节，用热水烫洗一遍，沥干水。

🔔 因鸡翅的翅根部位胶原蛋白含量较低，故选用翅中。

2. 黄豆和青豆分别择洗干净，用清水泡发。

🔔 黄豆和青豆要事先用清水泡发后再炖，但不要将外皮除去。

3. 锅内加入清水上火煮沸，放入鸡翅中、黄豆、青豆、葱结、姜片和料酒。

4. 用旺火煮沸，撇去浮沫，改小火炖熟。

5. 加入盐调味，略炖即成。

椰汁海鲜浓汤

用料

鲈鱼肉	200 克	蒜末	1 小勺
虾	100 克	香菜末	1 小勺
花生米	40 克	椰汁	400 毫升
番茄	150 克	盐	1 小勺
面包	1 片	黑胡椒粉	1/2 小勺
青椒	1 个	柠檬汁	1 大勺
红椒	1 个	鸡汤	3 大勺
洋葱末	1 小勺	黄油	1 大勺
姜末	1 小勺	橄榄油	3 大勺

制作方法

1. 鲈鱼肉切成大小适宜的骨牌块。

2. 虾洗净去壳; 青椒、红椒洗净, 切碎粒; 番茄和面包切成小方丁; 花生米用水泡透, 捞出沥干。

3. 汤锅上火, 倒入1大勺橄榄油烧热, 下入洋葱末、蒜末和姜末爆香, 加入花生米、番茄丁、青椒碎、红椒碎、黄油和柠檬汁翻炒片刻。

4. 倒入鸡汤和椰汁煮匀。

5. 平底锅上火炙热, 倒入1大勺橄榄油, 放入面包丁煎黄后盛出。

6. 另起一锅, 加入剩余橄榄油, 将鲈鱼块放入锅内煎至起壳。

7. 撒黑胡椒粉, 倒入调好的汤汁继续煮8分钟, 加入虾仁再煮2分钟。

🄀 虾仁不要过早加入, 否则口感不好。

8. 调入盐, 撒上面包丁和香菜末即成。

🄀 此菜在南美洲极受欢迎。在巴西等地, 通常还会加入磨成粉的海米来提味。

汤汁奶白
润滑鲜嫩
清香四溢

砂锅鱼头豆腐

**名菜
由来**

　　砂锅鱼头豆腐是浙江杭州的一道传统名菜，据说这道菜还与乾隆皇帝有关。相传，乾隆皇帝下江南至杭州，有一天穿便服上吴山私游。正当他观赏奇石美景时，突然下起了大雨，他只好在半山腰一户人家的屋檐下避雨。雨久下不停，乾隆又冷又饿，便推门入屋要求供饭。这家主人叫王小二，是一个饭馆的跑堂，见乾隆此状十分同情，便把家中仅有的一块豆腐和半个鲢鱼头放在砂锅内炖给乾隆吃。早已饿得肚子咕咕叫的乾隆眼见这热腾腾的饭菜，便狼吞虎咽地吃了个精光。乾隆觉得这道菜的味道特别好，回京后仍念念不忘。

　　后来，乾隆又下江南到杭州，特意去找王小二。这时的王小二已被掌柜辞退，闲在家里。乾隆为报答王小二，便赏赐给他银两，帮助他在吴山脚下开了一家叫"王润兴"的饭店，又亲笔题了"皇饭儿"三个字，落款竟是"乾隆"二字。这时，王小二才知道曾经向他讨饭吃的人是乾隆皇帝。王小二挂起"皇饭儿"的金字招牌，精心经营，专门供应砂锅鱼头豆腐。食客纷纷慕名而来，因此，店里的生意十分兴隆。杭州各店也争相效仿，由此砂锅鱼头豆腐成为历久不衰的杭州传统名菜。

用料

花鲢鱼头	……………… 1 个	生姜	……………… 3 片
嫩豆腐	……………… 250 克	料酒	……………… 1 大勺
水发香菇	……………… 25 克	盐	……………… 1 小勺
嫩笋	……………… 25 克	香油	……………… 1/2 小勺
香菜段	……………… 5 克	色拉油	……………… 3 大勺

制作方法

1. 花鲢鱼头洗净, 从下巴处对半切开, 在鱼身上划两刀。

2. 嫩笋切成薄片。水发香菇用坡刀切成片。嫩豆腐切骨牌片。

3. 锅内倒入水煮沸, 放入嫩豆腐片氽透, 捞出沥水。再下入鱼头氽烫, 捞出用清水洗净, 沥水。

4. 坐锅点火, 倒入色拉油烧热, 放入花鲢鱼头和姜片煎香, 烹料酒, 盖上锅盖焖片刻, 加入适量开水, 放入香菇片和笋片。

5. 倒入砂锅内, 加入嫩豆腐片, 小火炖至汤浓白, 调入盐。

6. 撒香菜段, 淋香油, 原锅上桌食用即成。

> **下厨心语**
>
> 1. 煎鱼头忌用旺火, 以免把鱼头煎焦。
> 2. 炖制时要用小火, 以免炖烂鱼头。

孕妇进补禁忌

1. 要适当忌口。例如：患糖尿病的孕妇，忌甜食；妊娠水肿严重者，应忌盐。

2. 不可过食生冷、肥甘、辛辣食品和发物。生冷食物会损伤脾胃阳气，使寒气内生，导致胎动不安、早产或胎儿生后肌肤硬肿；过食甜腻厚味，助湿生痰化热，致使胎肥、难产，或胎儿生后多发黄疸；偏食辛辣，如干姜、胡椒、辣椒、羊肉、鳗鲡鱼等属于"发物"的食物，则胃肠积热、大便干燥，导致胎儿热毒内生。

3. 忌活血类食物：活血类食物能活血通经，下血堕胎。这类食物主要有桃仁、山楂、蟹爪等。

4. 忌滑利类食物：滑利类食物能通利下焦，克伐肾气，使胎失所系，导致胎动不安或滑胎。这类食物主要有冬葵叶、木耳菜、苋菜、马齿苋、慈姑、薏苡仁等。

5. 其他有关食物：除以上四类食物外，孕期禁忌的食物还有麦芽、槐花等。

木瓜花生大枣汤

滋补脾胃
润肺化痰
丰胸美容

原料

木瓜	750 克
花生	150 克
大枣	5 颗

调料

冰糖	2 ~ 3 块（或白糖适量）

制作方法

1

2

1. 木瓜去皮、籽，洗净，切块。花生、大枣分别洗净，控干水。

2. 将木瓜、花生、大枣和适量清水放入煲内，再放入冰糖，待煮滚后改用文火煲40分钟即可。

舒脾暖胃，润肺化痰
滋补调气，美白肌肤

牛奶炖花生

原料

花生米 …………………… 100 克
枸杞 …………………… 20 克
银耳 …………………… 10 克
牛奶 …………………… 1500 毫升

调料

冰糖 …………………… 适量

制作方法

1

2

3

1. 银耳用清水泡发，剪去黄色部分，撕成小朵。
2. 枸杞、花生米均洗净，控干。
3. 锅置火上，倒入牛奶，加入银耳、枸杞、花生米、冰糖。
4. 煮至花生米熟烂即成。

4

清热解毒
利湿通便
舒筋活络

黄豆芽蘑菇汤

原料

黄豆芽 ················· 250 克

鲜平菇 ················· 50 克

冬瓜 ················· 250 克

调料

盐 ················· 适量

葱丝 ················· 适量

制作方法

1

2

3

4

1. 鲜平菇洗净,切去根部,撕成条。

2. 冬瓜削去皮,挖去瓤,切成厚片。

3. 黄豆芽去根和豆皮,洗净,放入锅中,加水煮30分钟。

4. 下平菇条、冬瓜片,放入盐、葱丝,再煮5分钟即可。

**孕妇保健
推荐食材**

　【冬瓜】冬瓜富含碳水化合物、维生素、钙、磷、铁等,肉质细嫩,含水量丰富,有利尿消肿、清暑解热、解毒化痰、生津止渴之功效。冬瓜可利尿,且含钠量极少,非常适宜出现水肿的孕妇食用。

色泽洁白
软滑鲜香
奶味浓郁

鲜奶口蘑

用料

鲜口蘑	250 克	香菜末	1 小勺
鲜牛奶	1 小袋	盐	2/3 小勺
水发木耳	25 克	水淀粉	1 大勺
枸杞	1 小勺	香油	1/2 小勺

制作方法

1. 鲜口蘑择洗干净，切成0.3厘米厚的片，放入沸水中焯透，捞出放入凉水中，沥干水。

❶ 鲜口蘑务必用沸水焯透，以去除草酸。

2. 水发木耳拣去杂质，用手撕成小片；枸杞用热水泡软。

3. 净不锈钢锅上火，放入鲜牛奶、口蘑片、木耳片和枸杞，加入盐调好味，盖上锅盖。

4. 煮沸后继续煮3分钟，勾水淀粉。

5. 炒匀后出锅装盘，撒香菜末，淋香油即成。

❶ 此菜不需加油，香油用量也要少。

益气补血
健脾胃，润心肺
美容养颜

红枣山药炖南瓜

原料

鲜山药 …………………………… 300 克
南瓜 …………………………… 300 克
红枣 …………………………… 100 克

调料

红糖 …………………………… 适量

制作方法

1

3

2

1. 鲜山药洗净，削去皮，切成3厘米见方的块。

2. 南瓜洗净，去皮和瓤，切成相同大小的块。

3. 红枣洗净，去除枣核。

4. 将所有原料一同放入锅内，加水和红糖，置火上烧开，盖上锅盖，小火炖1小时即可。

4

椰香菜花

原料

菜花	…………………………	500 克
香肠	…………………………	150 克
草菇	…………………………	100 克

调料

花生油、盐、水淀粉	…………	各适量
牛奶	…………………………	半杯
椰浆	…………………………	半杯

制作方法

1　2　3

1. 草菇洗净，香肠切滚刀块。

2. 菜花洗净，掰成小朵。将菜花放入沸水中烫熟，捞出，用凉开水冲凉备用。炒锅入油烧热，加入菜花、香肠块、草菇略炒。

3. 炒锅中倒入牛奶、椰浆，调入盐煮开，用水淀粉勾芡即成。

补心脾
益气血
滋阴润燥

桂圆鸡蛋汤

【鸡蛋】鸡蛋所含的营养成分全面而均衡。人体所需要的七大营养素，除纤维素之外，其余的鸡蛋中都有。它的营养几乎完全可以被身体所利用，是孕妇理想的食品。鸡蛋的最可贵之处，在于它能够提供较多的蛋白质（每50克鸡蛋就可以供给5.4克蛋白质），且鸡蛋蛋白质的氨基酸组成与人体所需极为相近，即生物价较高，故被视为优质蛋白质。这不仅有益于胎儿的脑发育，而且母体储存的优质蛋白有利于提高产后母乳的质量。一个中等大小的鸡蛋与200毫升牛奶的营养价值相当。另外，每100克鸡蛋含胆固醇680毫克，主要是在蛋黄里。胆固醇并非一无是处，它是脑神经等重要组织的组成成分，还可以转化成维生素D。蛋黄中还含有维生素A、B族维生素、卵磷脂等，是非常方便食用的天然优质食物。孕妇只需有计划地每天吃3~4个蛋黄，就能够保持良好的记忆力。

原料		调料	
桂圆	10克	红糖	适量
鸡蛋	1个		

制作方法

1. 桂圆去壳，洗净。

2. 将处理好的桂圆放入盛器中，加入适量温开水和红糖。

3. 鸡蛋洗净外壳，将蛋液磕入容器中。

4. 将盛器放入蒸锅内，蒸10~20分钟至鸡蛋熟透即可。

八珍美容蛋汤

用料

鸡蛋	2 个	杏仁	10 克
莲子	50 克	糖桂花	1 大勺
龙眼肉	50 克	蜂蜜	2/3 大勺
干银耳	25 克	冰糖	1 小勺

制作方法

1. 干银耳、莲子和杏仁分别用热水泡透, 再用清水洗两遍, 沥水。

2. 鸡蛋打入碗内, 用筷子充分搅匀。

3. 不锈钢锅上火, 倒入适量清水, 放入银耳、莲子、龙眼肉、杏仁和冰糖, 煮沸后撇去浮沫, 改小火炖30分钟。

🔔 炖制时间要够, 以达到软糯的质感。

4. 淋入鸡蛋液煮沸。

5. 加入糖桂花和蜂蜜调匀即成。

🔔 甜味要适度, 过甜则食之腻口。

银耳蛋汤

原料

水发银耳 · · · · · · · · · · · · · · · · · · 100 克
菠菜 · 100 克
鸡蛋 · 3 个

调料

盐 · 适量
香菜末 · 适量

制作方法

1. 水发银耳择净, 切成条状。菠菜择洗净, 切成段。

2. 将鸡蛋磕入碗中, 搅打均匀。

3. 锅内倒入清水烧开, 淋入鸡蛋液, 煮开。

4. 放入菠菜段、盐, 烧至入味, 放香菜末、银耳, 翻匀即成。

补中益气, 强身健脑
消除热结, 美容养颜

鸡丝鹌鹑蛋汤

原料

鹌鹑蛋	……………………	8 个
熟鸡丝	……………………	适量
黄瓜丝	……………………	适量

调料

盐	……………………	适量
鸡精	……………………	适量
鸡汤	……………………	适量

制作方法

1

2

3

1. 将鹌鹑蛋煮熟, 剥去蛋壳, 放入大汤碗中待用。

2. 锅置火上, 倒入鸡汤烧开, 放入盐、鸡精调味。将鸡汤倒入装鹌鹑蛋的汤碗中。

3. 撒上熟鸡丝、黄瓜丝即可。

红白豆腐汤

原料

豆腐 ·························· 150 克
鸭血 ·························· 100 克
豌豆苗 ·························· 50 克

调料

姜、葱 ·························· 各适量
盐、味精、胡椒粉 ················ 各适量
清汤、水淀粉 ················· 各适量
色拉油 ························· 适量
酱油、醋 ······················ 各适量

制作方法

1

3

1. 将鸭血、豆腐分别切成薄片，葱、姜切末，豌豆苗择洗
   干净。

2. 锅置火上，加色拉油烧热，爆香葱姜末。

3. 锅内倒入清汤，放入盐、酱油、胡椒粉。

4. 开锅后立即下鸭血片和豆腐片，待汤再开时，用水淀
   粉勾薄芡，加豌豆苗、味精、醋，搅匀即可。

4

莲藕排骨汤

原料		调料	
莲藕 ······ 250克		色拉油 ······ 适量	
排骨 ······ 200克		盐 ······ 适量	
		味精 ······ 适量	
		葱段、姜片 ······ 各适量	
		酱油 ······ 适量	
		八角 ······ 适量	
		香油 ······ 适量	

制作方法

1. 莲藕削去皮，洗净，切块。排骨洗净，剁块。

2. 将排骨入沸水锅中汆水，捞出控水备用。

3. 炒锅置火上，倒入色拉油烧热，下入葱段、姜片、八角爆香。

4. 放入排骨煸炒。

5. 倒入水，调入盐、味精、酱油。

6. 煲至排骨八分熟时下入莲藕块。

7. 小火炖煮至排骨熟烂，淋入香油即可。

花生木瓜排骨汤

填精补髓
滋补脾胃
益气补血
丰胸美容

原料

木瓜 …………………………………… 1个
花生仁 ……………………………… 80克
排骨 ………………………………… 150克

调料

盐 …………………………………… 适量

制作方法

1

2

3

1. 木瓜去皮、籽, 洗净, 切粗块。
2. 花生仁洗净, 控干水。
3. 排骨剁成段, 洗净, 用盐搓一遍。
4. 将木瓜块、花生仁和排骨段一同放入锅中, 加适量水, 煲至熟透即成。

4

牛膝猪蹄煲

活血化瘀
补肝肾,强筋骨
利尿通淋
引血下行

原料

猪蹄 ………………………… 250 克
牛膝 ………………………… 15 克
米酒 ………………………… 20 毫升

调料

盐 ………………………… 适量

制作方法

1. 猪蹄处理好,洗净,控干水。牛膝洗净,控干水。
2. 将猪蹄、牛膝一同放入煲中,加适量水,煲至猪蹄熟烂。
3. 趁热加入米酒,调入盐调味即可。

补中益气，止渴健脾
滋阴凉血，解毒
美容养颜

枸杞炖兔肉

原料

兔肉	⋯⋯⋯⋯⋯⋯⋯⋯⋯⋯	250 克
枸杞	⋯⋯⋯⋯⋯⋯⋯⋯⋯⋯	20 克

调料

味精	⋯⋯⋯⋯⋯⋯⋯⋯⋯⋯	适量
盐	⋯⋯⋯⋯⋯⋯⋯⋯⋯⋯	适量

制作方法

1. 将兔肉洗净，切成小块。

2. 枸杞洗净，控干水。

3. 兔肉、枸杞一同放入砂锅中，加适量水。

4. 先用武火烧沸，再用文火慢炖，待兔肉熟烂后加入味精、盐调味即成。

产妇饮食原则

1. 由于产妇分娩时有大量液体排出，且卧床时间较多，肠蠕动减弱，易便秘，因此产妇要多吃蔬菜及含粗纤维的食物。但如果会阴部有裂伤时，要吃一周少渣半流质食物。

2. 补充高热量饮食。产妇每日热量的供应应增加 800 千卡左右，也就是每日供应总量在 3000 千卡左右。

3. 产妇多呈负氮平衡，故在产褥期要大量补给蛋白质。牛奶及其制品、大豆及豆制品都是很好的蛋白质和钙的来源。

产妇进补禁忌

1. 忌寒凉之物，宜食温热食物，以利气血恢复。
2. 忌熏炸香燥食物，宜食汤粥。
3. 忌酸涩收敛食物，如乌梅、柿子、南瓜等。
4. 忌辛辣发散食物，否则加重产后气血虚弱。

什锦猪蹄汤

补血通乳
消肿止痛
调和肠胃

原料

豆腐	500 克
香菇	50 克
胡萝卜	100 克
猪蹄	1 只
白菜	50 克

调料

姜丝	适量
盐	适量

猪蹄
预处理

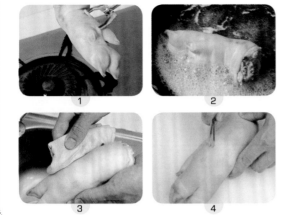

1. 夹紧猪蹄，在火上翻转烤去猪毛。
2. 猪蹄入开水锅中汆煮30秒，捞出，放入冷水中过凉。
3. 用干净纱布擦拭猪蹄表面的水，猪毛和毛垢随之脱落。
4. 将残留的猪毛用镊子拔掉。

制作方法

1. 胡萝卜洗净，切片。将净猪蹄用平刀从中间片成两半，再顺关节切成小块。香菇用水泡发，剪去菇柄，洗净。

2. 将猪蹄块放入锅中，加适量水，煮10分钟。

3. 加入香菇、白菜、胡萝卜片、豆腐、姜丝、盐，炖至猪蹄熟烂，离火即成。

产妇营养
推荐食材

【猪蹄】猪蹄，又叫猪脚、猪手，通常称前蹄为猪手，后蹄为猪脚。猪蹄含有丰富的胶原蛋白质，脂肪含量也比肥肉低。胶原蛋白质在烹调过程中可转化成明胶。明胶具有网状空间结构，能结合很多水分，增强细胞生理代谢，有效地改善机体生理功能和皮肤组织细胞的储水功能，使细胞得到滋润，保持湿润状态，防止皮肤过早褶皱，延缓皮肤的衰老过程。猪蹄对于经常性的四肢疲乏、腿部抽筋、麻木、消化道出血、失血性休克病症有一定的辅助疗效，适宜大手术后及重病恢复期间的老人食用，有助于青少年生长发育和减缓中老年妇女骨质疏松的速度。传统医学认为，猪蹄有壮腰补膝和通乳之功效，可用于辅助治疗肾虚所致的腰膝酸软及产妇产后缺少乳汁。

金针炖猪蹄

用料

净猪蹄	1个	生姜	3片
水发黄花菜	100克	料酒	2小勺
油菜心	6棵	盐	1小勺

制作方法

1. 猪蹄处理好（具体步骤见本书第205页），洗净，剁成块。

❓不要选用过白的猪蹄。

2. 猪蹄块同凉水一起入锅，煮沸后继续煮5分钟，捞出洗净污沫。

3. 油菜心分瓣，洗净；水发黄花菜去根，每根均用牙签划几下。

❓用牙签处理黄花菜，炖制时容易入味。

4. 取一净砂锅，倒入清水，放入猪蹄块、姜片和料酒。

5. 以旺火煮沸，撇净浮沫，转小火炖至熟透，加入黄花菜，调入盐，继续炖至软烂。

6. 放入油菜心稍炖即成。

花生煲猪蹄

扶正
补虚
生乳

原料

花生仁	…………………………	200 克
木瓜	…………………………	100 克
猪蹄	…………………………	2 只

调料

盐	…………………………	适量
葱	…………………………	适量
姜	…………………………	适量
黄酒	…………………………	适量

制作方法

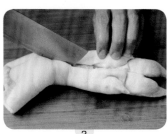

1. 木瓜洗净，对切成两半，去籽，切块。
2. 将猪蹄治净，用刀划个口子。
3. 猪蹄放入锅内，加木瓜块、花生仁、盐、葱、姜、黄酒及清水。
4. 用武火烧沸后转文火，炖至猪蹄熟烂即可。

产妇营养推荐食材

【花生】花生性平味甘，可健脾和胃、扶正补虚、滋养补气、润肺化痰、利水消肿、清咽止疟、止血生乳。产妇常吃花生能帮助下乳（搭配猪蹄炖汤尤为适宜）。另外，花生衣中含有止血成分，可以对抗纤维蛋白溶解，增强骨髓制造血小板的功能，提高血小板量，改善血小板活性，加强毛细血管的收缩功能，缩短出血时间，是产妇防治再生障碍性贫血的最佳选择之一。

腰花木耳汤

补肾壮腰
强身健体

原料

猪腰	....	150 克
水发木耳	....	60 克
竹笋、青蒜苗	....	各 30 克

调料

盐	....	适量
鸡粉	....	适量
胡椒粉	....	适量
香油	....	适量

制作方法

1

2

3

1. 将猪腰处理好，洗净，切成兰花片。

2. 竹笋切片；青蒜苗切段；水发木耳切去硬蒂，洗净，切片。

3. 腰花片、木耳片、竹笋片汆水后捞出，放入碗中。

4. 锅内倒水，放入青蒜苗段、盐、鸡粉、胡椒粉烧开，浇在已放入原料的碗中，淋香油即可。

4

羊肉奶羹

祛寒冷, 益肾气
开胃健脾, 通乳治带
助元阳, 生精血

原料

牛奶	……………………	250 毫升
羊肉	……………………	250 克
山药	……………………	100 克

调料

生姜	……………………	20 克

制作方法

1. 生姜切片。山药削去皮, 切薄片。羊肉洗净, 切成小块。
2. 将羊肉块、姜片放入砂锅中, 加适量水, 文火炖1.5小时。
3. 捞去料渣, 放入山药片煮烂, 再倒入牛奶烧开即可。

产妇营养
推荐食材

　　【羊肉】羊肉有山羊肉、绵羊肉、野羊肉之分。《本草纲目》中记载, 羊肉能暖中补虚, 补中益气, 开胃健身, 益肾气, 养肝明目, 治虚劳寒冷, 五劳七伤。羊肉既能御风寒, 又可补身体, 对一般风寒咳嗽、慢性气管炎、虚寒哮喘、肾亏阳痿、腹部冷痛、体虚怕冷、腰膝酸软、面黄肌瘦、气血两亏、病后或产后身体虚亏等虚症均有治疗和补益效果, 对产妇产后腹痛、出血、无乳或带下均有调理功效, 因此非常适宜产妇食用, 且以炖汤食用为佳。

健脾补肺
固肾益精
聪耳明目
助五脏，强筋骨

山药羊肉汤

原料

羊肉 ……………………………	500 克
淮山药 …………………………	50 克

调料

生姜 ……………………………	适量
葱白 ……………………………	适量
胡椒 ……………………………	适量
料酒 ……………………………	适量
盐 ………………………………	适量

制作方法

1. 生姜、葱白洗净，拍松。淮山药用清水泡透，切成厚0.2厘米的片。

2. 羊肉剔去筋膜，洗净，略划刀口，再入沸水锅内汆去血水，捞出控干。

3. 淮山药片与羊肉一起放入锅中，加清水、生姜、葱白、胡椒、料酒、盐，武火烧沸。

4. 撇去汤面上的浮沫，改小火炖至熟烂。

5. 捞出羊肉晾凉，切片，放入碗中。

6. 将原汤中生姜、葱白拣去，连淮山药片一起倒入盛有羊肉的碗内。

補中益气
滋养脾胃

黄芪牛肉

212

原料		调料	
牛肉	200 克	姜	2 ~ 3 片
黄芪	20 克	葱	半根
白萝卜	300 克	盐	适量

制作方法

1. 白萝卜洗净, 去皮, 切块。牛肉洗净, 切块, 放入沸水锅中汆烫去血水, 捞出控干。

2. 牛肉块、黄芪、葱、姜放入锅中, 加入6杯水, 以中火煮制。

3. 待牛肉七分熟时再放入白萝卜块, 加少许盐调味, 将牛肉煮熟即可。

产妇营养
推荐食材

【牛肉】牛肉含有丰富的蛋白质, 氨基酸组成比猪肉更接近人体需要, 能提高机体抗病能力, 对处于生长发育及术后、病后调养期的人来说, 在补充失血和修复组织等方面特别适宜。中医认为, 牛肉有补中益气、滋养脾胃、强健筋骨、化痰熄风、止渴止涎的功效, 适宜中气下陷、气短体虚、筋骨酸软和贫血久病及面黄目眩之人食用。产妇分娩过程中, 身体多个系统和器官受到影响甚至损伤, 用牛肉炖汤来调补身体, 是很好的选择。

补肾壮骨
强身健体

胡萝卜炖牛尾

<table>
<tr><td>

原料

牛尾中段 …………………… 250 克
胡萝卜 …………………… 250 克
</td><td>

调料

葱段、葱花、姜片、蒜瓣、八角、黄酒、
香油、酱油、湿淀粉、味精、盐
………………………………… 各适量
</td></tr>
</table>

制作方法

1. 牛尾剁成段,用清水浸泡1小时,放入沸水锅中汆一下,捞出。

2. 牛尾段放入砂锅中,加水,大火煮沸,撇去浮沫,加黄酒。

3. 小火煨40分钟后加入葱段、姜片、八角、蒜瓣、盐、酱油,继续用小火煨煮成卤汁备用。

4. 胡萝卜切成片,与牛尾间隔整齐地摆放入蒸碗内,倒入过滤好的卤汁。

5. 将蒸碗上笼,用大火蒸5分钟后取出,倒出蒸肉原汁。

6. 将倒出的原汁放入另一个锅内,置火上烧开,用湿淀粉勾薄芡,淋香油,撒葱花、味精,浇在蒸碗内即成。

止渴润燥
清热润肤

竹笋炖鸡

鸡腿脱骨处理

1   2

3   4

1. 用刀在鸡腿侧面剖一刀，露出鸡腿骨。
2. 沿鸡腿骨剥离鸡腿肉，用刀背在鸡腿骨靠近末端处敲一下，敲断腿骨。
3. 取出腿骨。
4. 将整块鸡腿肉平摊开，去掉筋膜，肉厚处划花刀，再用刀背将肉敲松即可。

原料

鸡腿	200 克
绿竹笋	150 克
香菇	适量
竹荪	适量

调料

盐	适量
米酒	适量
食用油	适量

制作方法

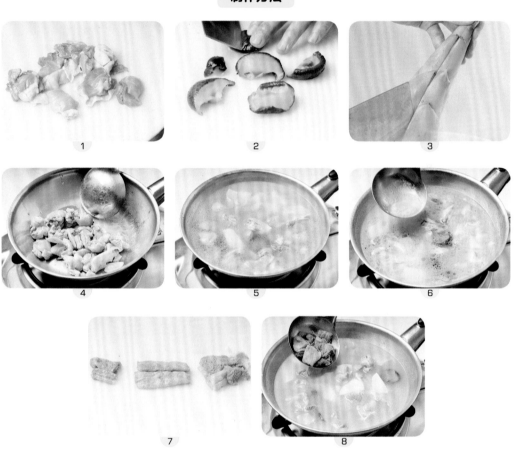

1. 鸡腿去骨, 洗净, 切成大块。

2. 香菇泡软, 切去根, 切大块。

3. 在绿竹笋外壳上划一刀, 剥去壳, 切块。

4. 起油锅烧热, 放入鸡腿块爆炒至表面熟而内里生, 捞出待用。

5. 锅中倒入水加热, 放入竹笋块、香菇块和炒好的鸡腿块煮沸。

6. 撇去汤面的浮沫, 转小火焖煮20分钟左右。

7. 竹荪用水泡约15分钟, 将水沥掉, 再用水加少许米酒泡一下, 沥干, 切成段。

8. 将处理好的竹荪段放入熬好的竹笋鸡汤中再煮5分钟, 加盐、米酒调味即可。

补五脏，壮筋骨
止泻痢，消疳积

鹌鹑冬瓜煲

原料		调料	
鹌鹑	4只	棒骨汤	3000克
冬瓜	500克	盐、味精、胡椒粉	各适量
		料酒、鸡油	各适量
		姜、葱	各适量

冬瓜预处理

1. 用刷子将冬瓜刷洗干净。
2. 用削皮刀削去硬皮。
3. 冬瓜一切两半。
4. 挖去冬瓜瓤。

制作方法

1. 姜拍松，葱切段。冬瓜去皮、瓤，洗净，切厚块。

2. 鹌鹑宰杀后去毛、内脏及爪，剁成4厘米见方的块。

3. 将冬瓜、鹌鹑一同放入煲内，加入所有调料，盖上煲盖，武火煮熟后上桌即成。

汤汁乳白
鲫肉鲜嫩

奶汤鲫鱼

用料

鲜小鲫鱼	2 条	胡椒粉	1/3 小勺
香菜段	5 克	香油	1/2 小勺
姜片	5 克	花生油	1 大勺
料酒	2 小勺	化猪油	1 大勺
盐	1 小勺	色拉油	适量
		蒜蓉	适量
		沙茶酱	适量

制作方法

1. 将鲜小鲫鱼宰杀处理干净,在鱼身两侧各划出一字花刀,抹匀1小勺料酒和2/3小勺盐,腌制5分钟。

2. 汤锅上火,倒入花生油和化猪油烧热,下入姜片,用手勺压住姜片在锅底来回擦数下。

❗ 鲫鱼表面抹盐、用姜片擦拭锅底,目的均是防止在煎制时粘锅。

3. 放入鲫鱼,煎至两面变黄稍硬。

❗ 鲫鱼表面煎硬后,应将表面的一层黑皮撕下,这样炖出来的汤才会奶白。

4. 砂锅上火,倒入色拉油烧热,先放入蒜蓉炸黄,再下入沙茶酱稍炒。烹入剩余料酒,掺入3杯开水,以旺火煮至汤白,加入胡椒粉和剩余盐调味,继续煮至熟透,拣出姜片。盛入汤盆内,淋香油,撒香菜段即成。

汤白甘滑
味道鲜美
营养丰富

奶汤锅子鱼

**名菜
由来**

　　1955年，老舍先生前往西安时，曾在西安饭庄品尝了奶汤锅子鱼。老舍先生称赞道："西安是汉唐古都，此菜可能源远流长。"没错，奶汤锅子鱼是西安市的传统名菜，有1300余年的历史，是由唐代的宫廷肴"乳酿鱼"发展而来的。

　　自唐中宗李显开始，大臣拜官照例要献食太子，名曰"烧尾宴"，取意"鱼跃龙门"，前程远大。韦巨源官拜尚书令左仆射后，向唐中宗李显皇帝进献的"烧尾宴"中的一款菜即为"乳酿鱼"。后来，此菜出现于官邸宴席上。待传入民间后，"乳酿鱼"逐渐转变成奶汤锅子鱼，成为一道西安传统名菜，经久不衰。

　　此菜以黄河鲤鱼为主料，盛具为紫铜火锅。上桌后，汤色乳白似奶，汤面乳黄似金，喝一口汤汁浓厚醇鲜。火锅底下燃烧着的酒精，将锅内汤汁烧得咕嘟咕嘟冒泡，香气四溢，引人垂涎。拨开最上面的香菜，夹一块鱼肉，蘸上姜醋汁，吃起来满口留香，久久不能忘怀。

用料

鲜鲤鱼	……………………	100 克	料酒	……………………	2 小勺
火腿肠	……………………	150 克	盐	……………………	1 小勺
水发香菇	……………………	100 克	白胡椒粉	……………………	1 大勺
水发玉兰片	……………………	100 克	奶汤	……………………	2 小勺
香菜段	……………………	50 克	色拉油	……………………	1 小勺
葱段	……………………	1 大勺	姜醋汁	……………………	1 大勺
姜片	……………………	1 大勺			

制作方法

1

2

3

4

5

6

7

1. 将鲜鲤鱼刮去鱼鳞，挖掉鱼鳃，抽去鱼线，剖腹开膛后取出内脏，用水冲洗干净。切下鱼头，鱼身沿脊背切成两半，每一半均用斜刀切成瓦块状。

2. 火腿肠、水发香菇、水发玉兰片分别切成长方形的片。

3. 炒锅内倒入色拉油烧至七成热，放入鱼头和切好的鱼块，煎炸至鱼肉呈金黄色。

4. 加入料酒、葱段和姜片，翻炒均匀后倒入奶汤，大火煮沸。

5. 再加入切好的香菇片、火腿片和玉兰片，调入盐，大火炖煮5分钟。

6. 将炖煮好的鱼汤全部倒入火锅内，端上桌继续炖煮。

7. 吃时加入白胡椒粉和香菜段，鱼肉蘸姜醋汁食用。

香菜草鱼汤

用料

草鱼肉	250 克	姜粉	1 小勺
香菜	50 克	盐	1 小勺
蛋清	30 克	胡椒粉	1 小勺
干淀粉	1 大勺	香油	1/3 小勺
料酒	2 小勺	骨头汤	1 小勺

制作方法

1. 草鱼肉洗净，用抹刀切成0.3厘米厚的小片；香菜择洗干净，切成小段。

2. 草鱼片放入盆内，加入料酒和1/2小勺盐拌匀，再加入蛋清和干淀粉拌匀上浆。

3. 锅内倒入骨头汤煮沸，放入姜粉煮5分钟。分散下入上浆的草鱼片汆至刚熟，加入胡椒粉和剩余盐调味。

🔔 下入草鱼片时要旺火沸水，效果才好。应随时撇去汤中的浮沫，以保持汤汁清澈。

4. 撒香菜段，淋香油，装碗食用即成。

汤色红润
质感软嫩
微辣咸鲜

烤番茄乌鱼片

用料

番茄	200 克	蒜片	1 小勺
带皮乌鱼肉	150 克	辣椒粉	1 小勺
鸡蛋清	30 克	盐	1 小勺
干淀粉	2 小勺	白糖	1/2 小勺
料酒	1 小勺	胡椒粉	1/3 小勺
小葱花	1 大勺	鲜汤	1 杯
姜片	1 小勺	混合油	2 大勺

制作方法

1. 带皮乌鱼肉切成0.3厘米厚的大片，放入碗内，加盐（1/2小勺）、料酒、胡椒粉、鸡蛋清和干淀粉拌匀上浆。

❶ 乌鱼片不宜切得太薄，以免加热时散碎。

2. 番茄洗净，在火上烤至皮皱后，取下撕去表皮，切成滚刀块。

3. 锅内添水烧开，放入乌鱼片汆至五成熟，捞出，控去水。

4. 坐锅点火，倒入混合油烧热后，炸香姜片和蒜片，下入番茄块炒至起沙，加辣椒粉略炒，倒入鲜汤烧开，放入白糖和剩余盐调味。

❶ 要把番茄的番茄红素炒出来后，再加鲜汤煮制。

5. 放入汆好的乌鱼片稍煮。

6. 出锅盛入汤碗内，撒小葱花即成。

一桶满谷鲜

用料

内酯豆腐	100 克	姜末	1 小勺
蟹粉	50 克	花雕酒	2 小勺
乌贼	30 克	盐	1 小勺
虾仁	30 克	米醋	2/5 小勺
蛤蜊肉	30 克	水淀粉	1 大勺
辽参	30 克	鲜汤	3 杯
青豆	30 克	色拉油	1 大勺

制作方法

1. 内酯豆腐洗去表面黏液，切成1厘米见方的小丁。

2. 乌贼、虾仁、辽参、蛤蜊肉和青豆分别氽烫，沥干水。

❗ 各种海鲜原料的初加工要细致，并进行氽烫处理。

3. 坐锅点火，倒入色拉油烧热，下入蟹粉和姜末煸炒出香味。

4. 烹花雕酒，倒入鲜汤煮沸，放入乌贼、虾仁、辽参、蛤蜊肉、青豆和内酯豆腐丁略煮。

5. 加入盐调味，用水淀粉勾浓芡，淋米醋后搅匀，起锅装入小木桶内即成。

❗ 要掌握好水淀粉的用量，以手勺舀起时汤汁挂在勺背上薄薄一层为佳。米醋不宜久煮，最后加入成菜味道才佳。

平桥豆腐羹

名菜由来

　　平桥豆腐羹是一道江苏名菜，其来历据说与乾隆南巡有关。相传乾隆皇帝下江南时，路过山阳县平桥镇，当时有个名叫林百万的大财主，认为这是巴结皇上的好机会，于是便在山阳县城至平桥镇的四十多里路上张灯结彩，铺设绸缎，把皇上接到了自己家里。林百万是个很有心计的财主，早在接驾之前就派人探听皇上的饮食习惯，命家厨用鲫鱼脑加老母鸡汤烩豆腐羹款待乾隆。乾隆虽然尝遍山珍海味，却不曾吃过如此具有地方特色的风味美食，品尝之后连连称好。接驾以后，平桥豆腐羹的美誉便不胫而走，誉满江淮，成为淮扬菜系里的传统名菜。如今，经过改良后的平桥豆腐羹低油低脂，更符合现代人的饮食习惯。

用料

南豆腐	150 克	香菜末	1 小勺
虾仁	50 克	干淀粉	1 大勺
猪五花肉	50 克	盐	1 小勺
火腿	25 克	水淀粉	1 大勺
水发木耳	25 克	香油	1/2 小勺
鸡蛋饼	25 克		

制作方法

1

2

3

4

5

1. 南豆腐切成菱形薄片。

2. 猪五花肉切成小薄片；火腿切丝后切末；水发木耳择洗干净，撕成小片；虾仁用刀从背部片开，挑去虾线，洗净后拍上一层干淀粉；鸡蛋饼切成菱形片。

3. 豆腐片、木耳片和虾仁略氽，捞出沥干。

4. 坐锅点火，倒入适量水煮沸，放入鸡蛋饼片、五花肉片、木耳片和豆腐片，加入盐调味。

5. 煮熟后用水淀粉勾芡，煮沸后放入虾仁和火腿末稍煮，加入香菜末和香油，拌匀即成。

下厨心语

1. 最好选用绿豆淀粉。

2. 在汤中加入猪五花肉有去腥增香的作用，但改刀前要用开水略氽，以去除部分油脂。

3. 虾仁受热过久质地会变老，所以最好在出锅前加入。

老年营养汤

老年人饮食原则

1. 减少胆固醇的摄入量。
2. 限制总能量的摄入。
3. 限制脂肪的总摄入量。
4. 注意蛋白质的供应。
5. 选择容易消化的食物。
6. 以粮、豆或米、面混食为宜，多食粗粮。
7. 提倡营养全面而均衡。

老年人进补禁忌

1. 进补应有针对性，不应无故进补。
2. 补勿过度，过犹不及。
3. 服用某些补品时，需注意忌口。
4. 药食之间有禁忌，搭配要合理。
5. 忌以贵贱论优劣，食材并非越贵越好。
6. 忌过于滋腻厚味。
7. 忌在患外感病时进补。

色泽乳白
清香味美

竹荪奶油羹

用料

水发竹荪	……………………	75 克
面包	……………………	100 克
鲜牛奶	……………………	1/2 杯
口蘑	……………………	25 克
面粉	……………………	1 大勺
盐	……………………	1 小勺
色拉油	……………………	适量

制作方法

1

2

3

1. 水发竹荪切长方片, 口蘑切片。

2. 面包切小方丁, 下入烧至四五成热的色拉油中炸至金黄焦脆, 捞出沥干油。

❶ 面包含有糖分, 油炸时用四五成热的油温即可。

3. 炒锅上火, 倒入2大勺色拉油烧热, 下入面粉炒出香味, 掺入鲜牛奶和2杯清水, 煮沸后撇去浮沫。

❶ 底油不能烧得过热, 以免把面粉炒糊。

4. 放入竹荪片和口蘑片, 加入盐调好口味, 起锅盛入汤盆内, 撒炸香的面包丁即成。

4

草菇
蛋白羹

用料

鲜草菇	150 克
蛋清	90 克
香菜	10 克
盐	1 小勺
胡椒粉	1/3 小勺
姜汁	1/3 小勺
水淀粉	2 大勺
香油	1/3 小勺

制作方法

1

2

3

4

1. 鲜草菇去根，洗净泥沙后切成小丁，放入沸水中焯透，捞出沥干。

   🔔 鲜草菇必须用沸水焯透，以去除草酸。

2. 香菜洗净，切末；蛋清放入碗内，充分打散。

3. 汤锅上旺火，倒入2杯清水，放入姜汁、胡椒粉和鲜草菇丁煮透，加入盐调好味。

4. 用水淀粉勾成玻璃芡，淋蛋清，搅匀，加入香菜末和香油，出锅即成。

   🔔 勾水淀粉后应立即搅匀，以免出现粉疙瘩，影响润滑的口感。

鲜香, 可口

草菇
熘面筋

用料

罐头草菇	……………………	1 瓶
油面筋	……………………	150 克
红柿椒	……………………	150 克
蒜片	……………………	1 小勺
姜末	……………………	2/3 小勺
盐	……………………	1 小勺
水淀粉	……………………	1 大勺
鲜汤	……………………	1/2 杯
香油	……………………	1/3 小勺
色拉油	……………………	2 大勺

制作方法

1

2

3

1. 从瓶中取出罐头草菇, 用温水洗两遍, 沥干水后对半切开。

❓ 原料的初步处理很关键, 罐头草菇含有防腐剂, 一定要清洗干净。

2. 油面筋切成小块; 红柿椒洗净, 去籽去筋, 切成小菱形片。

3. 炒锅上火, 倒入色拉油烧热, 下入蒜片和姜末爆香, 投入红柿椒片和草菇炒透, 添鲜汤, 下入油面筋块, 调入盐, 以中火烧入味。

4

4. 勾水淀粉, 淋香油, 翻匀出锅装盘即成。

❓ 水淀粉的用量要适度, 若用量过多, 成菜容易黏稠, 食之糊口。

竹荪芙蓉汤

**名菜
由来**

　　竹荪以其外形美丽动人而闻名，其鲜品形态犹如一位穿着纱裙的姑娘，堪称"雪裙仙子"。
竹荪是我国传统高级素馔食材，历史上曾被列入宫廷御膳，也是现代国宴菜品之一。

　　乾隆皇帝精力充沛，身体硬朗，是少见的长寿皇帝。这与他年轻时学过武术，年老时经常
锻炼身体有关，也与他食用竹荪有关系。据说，乾隆进膳时，爱喝竹荪芙蓉汤，直到晚年依然
喜欢这道汤品。美国前国务卿基辛格首次访华时，周恩来总理就用竹荪芙蓉汤款待他。这道汤
品给基辛格留下了难以忘怀的美好印象，于是，他将此事写入了回忆录中。还有，美国前总统
尼克松和日本前首相田中角荣在品尝竹荪芙蓉汤后，也无不称绝。

水发竹荪	75 克	盐	1 小勺
蛋清	150 克	胡椒粉	1/2 小勺
素火腿	50 克	高汤	2 杯
白酱油	2/3 大勺		

制作方法

1. 水发竹荪改刀成长度相等的长条片。素火腿切成同竹荪大小相当的菱形片。

2. 蛋清放入汤碗内，用筷子打散，加入1/3杯清水和1/3小勺盐搅匀，上笼用小火蒸10分钟。

3. 取出，在蛋面上排上竹荪片和素火腿片，再上笼蒸2分钟后取出。

4. 与此同时，锅内倒入高汤煮沸，加入白酱油、胡椒粉和剩余盐调好味，将高汤缓缓冲入汤碗内，上桌即成。

下厨心语

1. 蛋清第一次蒸至半熟即可取出。若蒸熟后再复蒸，口感会老。

2. 蒸制时必须用小火，才能保证蛋清滑嫩的质感。

意大利牛肝菌浓汤

用料

牛肝菌	60 克	胡椒粉	1/3 小勺
口蘑	200 克	百里香	1 小勺
大蒜	2 瓣	迷迭香	1 小勺
白葡萄酒	20 毫升	鸡汤	2 杯
奶油	3 大勺	橄榄油	2 大勺
盐	1 小勺		

制作方法

1. 牛肝菌放入凉水中浸泡2小时，洗净后挤干水，切成小片；留取3大勺浸泡后的水。

2. 口蘑洗净，切成薄片；大蒜切末。

3. 坐锅点火，倒入橄榄油烧热，下入蒜末炒香，倒入口蘑片和牛肝菌片，炒出水分，加入白葡萄酒，盖上锅盖焖5分钟。

🔊 口蘑片和牛肝菌片先焖后煮，成菜味道才会浓香。

4. 放入鸡汤、3大勺浸泡过牛肝菌的水、百里香、迷迭香和2大勺奶油煮15分钟，拣出百里香和迷迭香。

5. 将煮好的浓汤倒入料理机内打碎，重新倒回锅内。

6. 加入盐、胡椒粉和剩余奶油稍煮，盛入碗内即成。

🔊 第二次加热时不可久煮。

汤味鲜香
骨肉软烂
芋头绵糯

芋头排骨汤

用料

猪嫩肋排	……………………	300克	香醋 ……………………	1大勺
芋头	……………………	250克	盐 ……………………	1小勺
姜片	……………………	5克	八角 ……………………	1颗
葱结	……………………	5克	色拉油 ……………………	2大勺
料酒	……………………	1大勺		

制作方法

1

2

3

4

5

1. 将猪嫩肋排顺骨缝划开, 剁成3厘米长的小段, 凉水入锅煮沸, 继续煮5分钟捞出, 用清水漂洗净污沫, 捞出沥干。

🅠 排骨汆烫时要凉水下锅, 这样血污才能除净。

2. 芋头去皮洗净, 切成滚刀块。

3. 汤锅内倒入色拉油烧热, 下入八角炸煳, 再下入姜片和葱结炸香, 放入排骨块炒干水汽。

4. 烹料酒和香醋, 加入适量开水, 大火煮沸后转小火炖30分钟, 拣出八角和葱姜。

🅠 要用小火炖制, 并在排骨断生后再放入芋头一起炖制。

5. 加入芋头块, 再加入盐调味, 继续炖20分钟即成。

汽锅山药胡萝卜排骨

用料

猪小排	450 克	香葱末	1 小勺
山药	200 克	料酒	1 大勺
胡萝卜	200 克	盐	1 小勺
生姜	15 克	胡椒粉	1/4 小勺
大葱	10 克		

制作方法

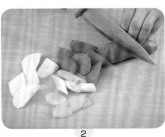

1. 猪小排切成3厘米长的段, 洗净。

2. 胡萝卜和山药洗净, 切成滚刀块; 大葱切段; 生姜切片。

3. 猪小排放入凉水锅内, 煮至血沫浮起后捞出洗净, 沥干水。

🅠 排骨一定要先煮再放入汽锅烹制, 这样汤汁清澈且无异味。

4. 汽锅内依次放入胡萝卜块、山药块和排骨, 再放入葱段和姜片, 加入盐、料酒和足量的开水。

🅠 汽锅内原料的摆放次序不要颠倒, 蔬菜在最下面才能充分吸收排骨的香味。

5. 煮40分钟后拣出葱姜, 加入胡椒粉, 撒香葱末即可。

243

南瓜红枣排骨汤

原料

南瓜	…………………………	700 克
排骨	…………………………	500 克
红枣	…………………………	7 颗
瑶柱	…………………………	25 克

调料

姜片	…………………………	1 片
盐	…………………………	少许

制作方法

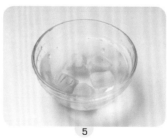

1. 南瓜去皮、瓤，洗净，切厚块。

2. 排骨剁成小段，洗净。

3. 将排骨段放入沸水锅中煮5分钟，捞起洗净。

4. 红枣洗净，去核。

5. 瑶柱洗净，用清水浸约1小时。

6. 煲内加适量水，大火煮开，放入排骨段、瑶柱、南瓜块、红枣、姜片，继续改用文火煲3小时，调入少许盐即可。

羊排炖鲫鱼

通乳
益气血，壮肾阳
健脾胃，补形衰

原料

羊排	300 克
鲫鱼	1 条 (约 200 克)
油菜	50 克
枸杞	10 克

调料

上汤、盐、醋、料酒、胡椒粉、葱、姜、花
生油 …………………………… 各适量

制作方法

1. 鲫鱼处理干净，用厨房纸巾擦干。

2. 羊排剁成小段，洗净，控干水。

3. 锅中加油烧热，爆香葱姜，放入鱼煎一下。

4. 加上汤、羊排、枸杞，慢火炖熟。

5. 放入盐、醋、料酒调味。

6. 放入油菜稍煮，撒胡椒粉即可。

**下厨
心语**

1. 鱼要先煎一下，然后再炖，炖出的
汤才能呈现乳白的颜色。

2. 羊排如果是冰冻的，则应先汆水，
然后洗净，再用于烹制。

豆浆
炖羊肉

用料

豆浆	1000 毫升
羊腿肉	300 克
山药	150 克
生姜	3 片
盐	1 小勺
香油	1 小勺

制作方法

1

3

3

4

1. 山药切块；羊腿肉洗净，切成大小适中的厚片，与姜片一起放入沸水中氽烫5分钟。

2. 捞出羊腿肉片，用热水冲洗干净表面。

3. 将羊腿肉片和山药块一起放入小锅中，加入豆浆，大火煮沸后转小火继续炖煮1小时。

4. 加入盐和香油调味，稍煮即成。

下厨心语

1. 氽烫羊腿肉片时加入姜片，可以去除羊肉的膻味。此时火不宜过大，时间不宜太长，肉片一变色即可捞出。

2. 用豆浆炖煮羊腿肉片时不要放姜，否则豆浆会凝固成絮状。

清蒸人参鸡

大补元气
补脾益肺
生津止渴
安神增智

用料

母鸡	…………………	1只
人参	…………………	15克
火腿	…………………	10克
玉兰片	…………………	10克
干香菇	…………………	15克
姜片	…………………	适量
料酒	…………………	适量
盐	…………………	适量

制作方法

1. 将母鸡宰杀，去毛及内脏，治净。
2. 人参、玉兰片、干香菇分别用水泡发，待用。火腿切片。
3. 母鸡放入耐热盛器中，加入人参、玉兰片、香菇、火腿片、姜片、料酒、盐和适量清水。
4. 放入蒸锅，隔水蒸熟即成。

老年人养生
推荐食材

【母鸡】母鸡可养血健脾，更适合阴虚、气虚的人。比起公鸡来说，母鸡肉老少咸宜，尤其适合体质虚弱的老年人。公鸡可壮阳补气，温补作用较强，对于肾阳不足所致的小便频密、精少精冷等有很好的辅助疗效，比较适合青壮年男性食用。

在吃法上，母鸡一般用来炖汤，而公鸡适合快炒。因为母鸡脂肪较多，肉中的营养素易溶于汤中，炖出来的鸡汤味道更鲜美。公鸡的肉质较紧致，很难熬出浓汤，要旺火快炒，保持其鲜嫩的滋味。

汤清味鲜
肝膏细嫩
营养滋补

竹荪肝膏汤

名菜由来

　　竹荪肝膏汤是一道四川的传统名菜，精选优质的鸡肝制浆调味蒸成膏状，配以竹荪和鲜汤制作而成。这道名馔的名称由来，还有一个流传已久的故事。

　　传说，明朝万历年间，四川西南部有位年迈体弱的员外，咀嚼食物甚为艰难，于是便命其新来的家厨专门为他烹制营养丰富、不需咀嚼且易于消化的食物。新来的家厨试着将鸡、鸭肝捣碎加水调味，搅匀滤渣，上笼蒸熟后端上席。员外吃得清爽顺畅，非常高兴，便问此菜叫什么名字，新家厨说叫"肝清汤"。员外听了很高兴，然后就命新家厨以后每天照此单烹制肝清汤。有一天，家厨在做肝清汤时，因为忙于干活，肝汁上笼蒸得太久，凝成了肝膏。此时，已到员外的就餐时间，不容重做，于是家厨只得在原有的汤里添加了一些新上市的竹荪，然后硬着头皮叫丫鬟端菜上席，自己则诚惶诚恐地躲在后面等待员外动怒发火。不料，员外把家厨叫来，问他为什么换了道菜。家厨机灵地说："每日进汤，恐大老爷腻味，今特加竹荪制出荤素合璧的肝膏汤，请大老爷尝尝鲜。"员外一尝，果然比肝清汤更加鲜美。从此，这道清香脆嫩、汤鲜膏醇的竹荪肝膏汤便流传巴蜀，成为川菜高级宴席上的名贵汤品。

用料

鸡肝	200 克	料酒	1 大勺
水发竹荪	75 克	水淀粉	1 大勺
蛋清	60 克	盐	1 小勺
葱白	10 克	胡椒粉	1/2 小勺
生姜	10 克	清汤	3 杯
香菜叶	5 克		

制作方法

1. 水发竹荪切去两头，切成3厘米长的段，再纵切成条，氽烫后捞出挤干水。

2. 生姜洗净，切片；葱白洗净，切段。

3. 鸡肝洗净，捣成细蓉，加入姜片、葱段、料酒、1/2小勺盐和1/5小勺胡椒粉搅匀，过细筛去渣。

4. 再加入蛋清和水淀粉搅匀，用保鲜膜封口，上笼用小火蒸至断生后取出。

5. 清汤倒入锅内，上火煮沸，加入剩余盐和胡椒粉调味，再放入竹荪煮入味。

6. 起锅倒在蒸好的肝膏上，撒香菜叶即成。

下厨心语

1. 必须选取鲜嫩的鸡肝。

2. 蒸制肝膏时，要控制好时间和火力，以保证成菜的鲜嫩度。

奶油芦笋罗非鱼

用料

罗非鱼肉	1块（约150克）	奶油	1 大勺
鱼骨	100 克	盐	1 小勺
芦笋	50 克	黑胡椒粉	1/3 小勺
意大利香菜	5 克	白胡椒粉	1/3 小勺
生姜	3 片	色拉油	2 大勺

制作方法

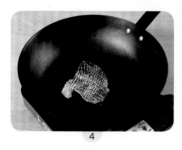

1. 芦笋洗净去皮，取嫩茎切段，放入料理机内打成泥。

2. 鱼骨汆烫洗净，同姜片一起入锅，倒入适量水煮至汤白，过滤去渣。

   ❶ 要用大火煮，鱼骨汤才会浓白。

3. 倒入芦笋泥和奶油煮沸，再加入白胡椒粉和盐调味。

4. 平底锅上火炙热，涂匀一层色拉油，放入罗非鱼肉块煎熟，撒黑胡椒粉。

   ❶ 开始煎鱼时要用热油，待表面起焦壳后再转小火煎熟。

5. 罗非鱼肉块铲出装盘，淋上调好的奶油芦笋汁，点缀意大利香菜即成。

乌发，驻颜，明目
健胃，利尿

黑豆鲤鱼汤

原料

			调料		
黑豆	·········	30克	生姜	·········	1片
鲤鱼	·········	1条	盐	·········	适量
			食用油	·········	适量

制作方法

1. 黑豆洗净，用清水浸泡3小时。

2. 鲤鱼去鳞、鳃、内脏，洗净。

3. 起油锅烧热，放入鲤鱼略煎，取出沥油。

4. 鲤鱼、黑豆、姜片、清水一同放入锅内，武火煮沸，改文火煮至黑豆熟软，加盐调味即可。

清肺补心，滋阴养血
健脾利尿，健脑益智

牡蛎鲫鱼汤

**老年人养生
推荐食材**

【牡蛎】牡蛎俗称蚝，别名蛎黄、海蛎子。牡蛎肉肥嫩爽滑，味道鲜美，营养丰富，素有"海底牛奶"之美称。据分析，干牡蛎肉含蛋白质45%～57%、脂肪7%～11%、肝糖原19%～38%，还含有多种维生素、牛磺酸、钙、磷、铁、锌等营养成分，其中钙含量接近牛奶的2倍，铁含量为牛奶的21倍。

牡蛎的食用方法较多。鲜牡蛎肉通常有清蒸、软炸、生炒、炒蛋、煎蚝饼、串鲜蚝肉和煮汤等多种方法。配以适当调料清蒸，可保持原汁原味；若食软炸鲜蚝，可将蚝肉加入少许黄酒略腌，然后将蚝肉蘸上面糊，用热油煎至金黄色，蘸醋佐食；吃火锅时，可用竹签将牡蛎肉串起来，放入沸汤滚1分钟左右，取出即食；若配以肉块、姜丝煮汤，煮出的汤乳白似牛奶，鲜美可口。

原料		调料	
牡蛎肉	…………………… 60克	葱、姜、鸡汤、酱油、盐、料酒… 各适量	
鲫鱼	…………………… 200克		
豆腐	…………………… 200克		
青菜叶	…………………… 适量		

制作方法

1. 青菜叶择洗干净。鲫鱼去鳞、鳃、内脏，洗净。
2. 姜切片，葱切段。豆腐冲洗干净，切成4厘米长、3厘米宽的块。
3. 鲫鱼身上抹上酱油、盐、料酒，放入炖锅内，加鸡汤、姜、葱、牡蛎肉，烧沸。
4. 加入豆腐块，用文火煮30分钟后下入青菜叶即成。

羊骨汤汆鱼片

用料

鲶鱼中段	1段 (约300克)	干淀粉	2 小勺
鲜羊骨	200 克	料酒	1 小勺
蛋清	30 克	盐	1 小勺
香菜	10 克	胡椒粉	1/2 小勺
葱结	5 克	香油	1/3 小勺
姜片	5 克		

制作方法

1. 将鲶鱼中段剔骨，取净肉切成0.3厘米厚的大片，用清水洗去黏液。留取鲶鱼骨备用。

❶ 鲶鱼肉切片要厚薄一致，且在洗净黏液后再上浆。

2. 挤干水，放入小盆内，加入料酒、1/2小勺盐、蛋清和干淀粉抓匀上浆。

❶ 蛋清必须充分打散后，再与鱼片和匀，这样氽制时才不会脱浆。

3. 香菜洗净，切小段。

4. 鲜羊骨和鲶鱼骨放入沸水中氽烫。

5. 汤锅内放入鲜羊骨和鲶鱼骨，加入葱结、姜片和适量清水，以旺火煮至汤白，捞出料渣。

6. 逐一下入上浆的鱼片氽熟，加入胡椒粉和剩余盐调味。

❶ 锅内下入鱼片后不宜过多翻搅，以免鱼片软烂不成形。

7. 起锅盛入汤盆内，淋香油，撒香菜段即成。

生菜海鲜大米汤

用料

生菜	100 克	生姜	3 片
鲮鱼球	100 克	盐	1 小勺
大米	50 克	料酒	1 小勺
干贝	6 粒	色拉油	1 小勺

制作方法

1. 生菜洗净,切成细丝,倒入色拉油拌匀。

2. 干贝用温水洗净表面,放入清水中浸泡半小时,加入料酒,上笼蒸至熟烂,取出用手搓成丝状。

3. 大米淘洗干净。

🔔 大米用量不宜过多,以汤汁发白有黏性即可。

4. 将干贝丝、姜片和大米放入砂锅内,倒入适量清水,以旺火煮沸后转小火继续煮90分钟。

5. 放入鲮鱼球煮熟。

🔔 鲮鱼球市场上有售,购买后放入冰箱内冷藏,随用随取即可。

6. 再加入生菜丝略煮,调入盐即成。

汤清味鲜
鱼肉嫩滑

花旗参
黑鱼汤

用料

黑鱼	....	1 条
花旗参	....	5 克
枸杞	....	10 粒
生姜	....	5 克
料酒	....	2 小勺
盐	....	1 小勺
香油	....	1/3 小勺

制作方法

1

2

3

1. 黑鱼宰杀处理干净，取净肉切成厚片；鱼骨剁成小块。

🅰 如果觉得切鱼片太费时，可将黑鱼直接切成块，用小火慢炖。

2. 生姜切成丝；花旗参和枸杞均用温水洗净，沥干。

3. 鱼片和鱼骨放入沸水中汆烫，去净黏液和血污，放入炖盅内，依次加入姜丝、枸杞、花旗参、料酒和适量开水。隔水炖半小时，加入盐调味，淋香油即成。

🅰 隔水炖能够更好地保留鱼肉的鲜香和营养。

第四章

喝汤调体质

金针菇萝卜汤

原料

金针菇	··························	150 克
白萝卜	··························	300 克

调料

盐	··························	少许
香油	··························	少许
白胡椒粉	··························	少许

制作方法

1. 金针菇切去根，洗净。

2. 白萝卜洗净，切丝。

3. 将白萝卜丝放入开水锅中焯烫1分钟。

4. 再放入金针菇稍烫，捞起控水。

5. 将金针菇、白萝卜丝放入汤锅中，加2碗水，小火煮开。

6. 加入少许盐、香油、白胡椒粉调味即可。

龙眼山莲汤

健脾补肺
固肾益精
聪耳明目
助五脏，强筋骨

用料

龙眼肉 ················· 25 克
莲子 ·················· 25 克
山药 ·················· 50 克
白糖 ················· 100 克

制作方法

1. 山药削去皮，洗净，切成薄片。莲子洗净，浸泡2小时后去心。

2. 龙眼肉洗净，与山药片、莲子一同放入锅内，加适量水，置武火上烧开。

3. 改文火煎约50分钟，放入白糖拌匀，离火稍晾，过滤取汁即成。

**养心安神
推荐食材**

【莲子】莲子为滋补元气之珍品，药用时去皮，称"莲肉"，其味甘、涩，性平，入心、肾、脾三经，有补脾、益肺、养心、固精、补虚、止血等功效。生可补心脾，熟能厚肠胃，适用于心悸、失眠、体虚、遗精、白带过多、慢性腹泻等症，其特点是既能补，又能固。

补血养血
推荐食材

【红枣】红枣是一种缓和滋补剂，经常食用，对心烦失眠、身体虚弱、脾胃不和、消化不良、劳伤咳嗽等患者很有益处。中医学认为，红枣味甘性温，可补中益气，养血安神，用于治疗脾胃虚弱、食少倦怠、脾虚泄泻、营卫不和等。凡气少津亏，症见心中烦闷、惊悸不眠以及脏燥者，食用红枣能补中益气、滋润心肺、生津养颜。明代名医李时珍认为，红枣是养胃健脾、益血养神、安中益气的良药，适用于治疗脾胃虚弱、气血不足、贫血萎黄、肺虚多咳、精神疲乏、睡眠不佳、过敏性紫癜、血小板减少、肝炎、高血压等症。

枣的食用方法有很多，鲜枣生吃更利于营养的吸收，干枣则更适合煮粥或煲汤，能使其中的营养成分很好地释放出来。煮粥或煲汤时如果能将干枣和一些食物搭配起来，能起到增强疗效的作用，如益于治疗神经衰弱的大枣枸杞汤、益于治疗缺铁性贫血的红枣花生鸡蛋粥、益于治疗高血压的红枣芹菜汤等。和鲜枣、干枣相比，蜜枣所含营养成分最少，含糖量最高，用来熬粥、煮汤较好，可以稀释蜜枣中糖的浓度。

红枣鸡蛋汤

原料

红枣 ·················· 50克

鸡蛋 ·················· 1个

调料

红糖 ·················· 1大勺

水淀粉 ·················· 1大勺

制作方法

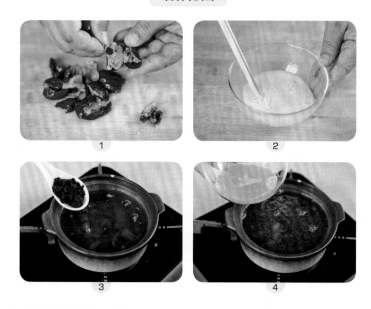

1. 红枣洗净泡软,去核。

❶ 要选用优质红枣,核要去净。

2. 鸡蛋打入碗内,用筷子充分搅匀。

3. 汤锅内倒入2杯清水,上火煮沸,放入红枣煮烂,加入红糖煮化。

4. 勾水淀粉,淋入鸡蛋液,稍煮即成。

❶ 如果想喝清汤,则不必勾水淀粉。

大枣冬菇汤

原料

大红枣	....	15 颗
干冬菇	....	15 个

调料

生姜片	....	适量
熟花生油	....	适量
料酒	....	适量
盐	....	适量

制作方法

1

2

3

1. 干冬菇洗净，剪去柄，温水泡发。

2. 大红枣洗净，去核。

3. 冬菇、红枣、盐、料酒、生姜片一起放入蒸碗内，加入适量清水、熟花生油。

4. 盖好蒸碗盖，上笼蒸60~90分钟即成。

4

補心脾
益气血
生精髓

桂圆当归鸡汤

原料

鸡	1/2只(约500克)
桂圆	15克
当归	15克

制作方法

1

2

3

1. 桂圆剥去外壳,洗净。当归洗净,控干水。
2. 鸡处理干净,入锅,加适量清水。
3. 炖至鸡肉半熟时加入桂圆、当归,炖至鸡肉熟烂即可。

**养血安神
推荐食材**

【桂圆】桂圆又名龙眼,味甘性平,能补脾益胃、补心长智、养血安神。桂圆含葡萄糖、蔗糖、蛋白质、脂肪、B族维生素、维生素C、磷、钙、铁、酒石酸、腺嘌呤、胆碱等营养成分,适用于脾胃虚弱、食欲不振,或气血不足、体虚乏力、心脾血虚、失眠健忘、惊悸不安等症。

莲枣桂圆羹

原料

莲子 ·········· 50 克

红枣 ·········· 20 克

桂圆肉 ·········· 20 克

调料

冰糖 ·········· 适量

制作方法

1. 莲子去心, 红枣去核。

2. 莲子、红枣、桂圆肉一起放入锅内, 适量加水, 放入冰糖。

3. 锅置火上, 炖至莲子熟烂即可。

猪心红枣汤

**养心安神
推荐食材**

【猪心】猪心营养丰富，含蛋白质、脂肪、钙、磷、铁、维生素 B_1、维生素 B_2、维生素 C 以及烟酸等营养成分，对加强心肌营养、增强心肌收缩力有很大的作用。相关临床资料表明，许多心脏疾病与心肌的活动力正常与否有着密切的关系。因此，猪心可以增强心肌活力，营养心肌，有利于功能性或神经性心脏疾病的痊愈。

猪心有股异味，在买回猪心后，可将其在少量面粉中滚一下，放置1小时左右，然后用清水洗净，这样烹炒出来的猪心味美纯正。

原料

猪心 ·························· 1个
红枣 ······················ 25克

调料

生姜 ························ 适量
胡椒粉 ······················ 适量
葱 ·························· 适量
盐 ·························· 适量
香菜段 ······················ 适量

猪心预处理

1. 将猪心在少量面粉中滚一下，以去除腥味。
2. 静置1小时后，将猪心切成两半。
3. 用清水冲洗干净即可。

制作方法

1

2

3

4

1. 猪心处理干净，切片。
2. 红枣去核，洗净。
3. 猪心片、红枣、生姜、葱一同放入砂锅中，大火煮沸。
4. 改用文火炖至猪心熟烂，加盐、胡椒粉调味，点缀香菜段即成。

口感丰富
咸香味美

木樨汤

用料

鸡蛋	2 个	盐	1 小勺
猪瘦肉	50 克	酱油	1 小勺
菠菜	25 克	醋	2/3 小勺
水发黄花菜	15 克	水淀粉	2 小勺
水发黑木耳	15 克	色拉油	1 大勺
姜末	2/3 小勺		

制作方法

1. 猪瘦肉切丝，加入水淀粉和1/5小勺盐拌匀。

2. 鸡蛋打入碗内，加入1/5小勺盐搅散。

3. 水发黑木耳择洗干净，切丝；水发黄花菜去根，撕成丝；菠菜择洗干净，切段。

4. 坐锅点火，倒入1/2大勺色拉油烧热，下入姜末炒香，放入猪肉丝炒至发白。
🔔 底油的用量以刚好能炒散猪肉丝为宜。

5. 倒入2杯开水，放入黑木耳丝和黄花菜丝，盖上锅盖煮沸。

6. 转小火煮2分钟，放入菠菜段，加入酱油和剩余盐调味，盛入碗内。

7. 与此同时，另一炒锅上火，倒入剩余色拉油烧热，倒入鸡蛋液炒至刚熟，加入醋烹制。
🔔 炒鸡蛋时加入少许醋，既可去除鸡蛋的腥味，又能将其炒成均匀的小碎块。

8. 将鸡蛋炒成小碎块，盛入碗内即成。

大红橘山楂汤

理气调中
燥湿化痰
消食化积

原料

生山楂 ·························· 30 克
陈皮 ···························· 20 克
大红橘 ··························· 1 个

调料

白糖 ···························· 适量

制作方法

1

2

3

1. 陈皮洗净。生山楂洗净，去核。大红橘剥皮，取橘核和鲜橘络，待用。
2. 将原料一同放入锅中，煮约40分钟。
3. 将料渣捞出，留取500毫升汤汁，加白糖调味即可。

**健脾养胃
推荐食材**

【陈皮】陈皮味苦性温，能燥湿理气、开胃健脾，故常用作理气、健脾胃的药，常用于湿阻中焦、脘腹胀闷、便溏苔腻、脾胃虚弱、消化不良、大便溏泄等症。

参竹老鸭汤

清肺养阴
益胃生津
利水消肿

原料

老鸭 ……………………… 750 克
沙参 …………………………… 50 克
玉竹 …………………………… 50 克

调料

盐 ……………………………… 适量

制作方法

1

2

3

1. 老鸭宰杀, 去毛、内脏, 洗净, 剁成块。沙参、玉竹分别洗净, 控干水。

2. 将鸭块放入沸水锅中氽烫一下, 捞出控水。

3. 将全部原料放入锅内, 加清水煮沸, 撇去浮沫, 改小火煲2小时, 加盐调味即可。

健脾养胃
推荐食材

【沙参】沙参甘淡而寒, 专补肺气, 因而益脾肾, 具有滋阴生津、清热凉血之效, 能补包括脾虚在内的五脏之阴, 对气阴两虚或因放疗伤阴引起的津枯液燥者, 具有较好的疗效。

青芥浓汤鲤鱼片

用料

鲜鲤鱼	·········1条(约650克)	干淀粉	·················	1大勺
金针菇	············· 150克	料酒	·················	2大勺
丝瓜	············· 150克	青芥辣	·················	1小勺
生姜	············· 5片	盐	·················	1小勺
大葱	················· 3段	色拉油	·················	3大勺

制作方法

1. 将鲜鲤鱼宰杀处理干净，剔下净鱼肉切成厚片，放入盆内，加入干淀粉、1大勺料酒和1/3小勺盐拌匀上浆。鱼头和鱼骨剁成块。

2. 丝瓜洗净削皮，切成滚刀小块；金针菇去除泥根，洗净；青芥辣放入碗内，加入1大勺清水调匀。

❶ 此菜主要突出青芥辣的味道，用量以入口能接受为度。

3. 汤锅上火，放入鱼片汆至定型后捞出。

❶ 汆烫时要旺火沸水，鱼片定型后迅速捞出。

4. 再下入鱼头块和鱼骨块汆透，捞出用清水洗去污沫。

5. 坐锅点火，倒入色拉油烧热，放入姜片和葱段爆香，倒入鱼头块和鱼骨块煎透。

6. 烹入剩余料酒，掺入适量开水，以大火煮沸，煮至汤白后捞出鱼头块、鱼骨块和葱姜。

❶ 一定要用开水熬汤，否则汤色欠佳。

7. 将金针菇和丝瓜块放入鱼汤中，加入剩余盐和青芥辣酱调味。

8. 再次煮沸，放入鱼片煮熟，起锅盛入汤盆内即成。

健脾利湿
和中开胃
活血通络
温中下气

花生小豆鲫鱼汤

原料		**调料**	
花生仁 ·················	200 克	盐 ·················	适量
赤小豆 ·················	120 克	料酒 ·················	适量
鲫鱼 ·················	1 条		

制作方法

1. 花生仁、赤小豆分别洗净，沥干水。
2. 鲫鱼剖腹，去鳞及内脏。
3. 花生仁、赤小豆、鲫鱼一同放入大碗中，加料酒、盐和清水。
4. 将大碗放入加水的锅中，大火隔水炖沸，改小火炖至熟烂即成。

健脾养胃
推荐食材

　　【鲫鱼】中医认为，鲫鱼味甘性平，具有温中补虚、开胃健脾、祛湿利水、增进食欲、补虚弱等功效。凡久病体虚、气血不足，症见虚劳羸瘦、饮食不下、反胃呃逆者，可将其作为补益食品；凡脾虚水肿、小便不利者，可用鲫鱼作为食疗之品。

生姜鲫鱼汤

健脾利湿
和中开胃
活血通络
降逆止呕

用料

鲫鱼	……………………………	1 条
生姜	……………………………	30 克
陈皮	……………………………	10 克
白胡椒	……………………………	3 克
盐	……………………………	适量
味精	……………………………	适量

制作方法

1. 鲫鱼去鳞、鳃，剖腹去内脏。
2. 将生姜、陈皮、白胡椒用纱布包好。
3. 将包好的料包放入鱼腹中。
4. 鲫鱼放入锅中，加清水煮熟，调入盐、味精即可。